高职高专机电类专业规划教材

电子技术实训教程

熊再荣　主　编

卢冬梅　副主编

化学工业出版社

·北京·

本书是以教育部制定的《高职高专教育电工电子技术课程教学要求》为依据，根据高等职业技术教育对实验、实训教学的需要而编写的。内容包括电子技术实训基础、模拟电子技术实训项目八个和数字电子技术实训项目七个。附录中列出了集成逻辑门电路新、旧图形符号对照和部分集成电路引脚排列。

本书可作为高职高专院校电气自动化类、电子信息类、机电一体化等专业电子技术课程实验与实训环节配套教材，也可作为中等职业学校的同类课程实验、实训教材。

图书在版编目（CIP）数据

电子技术实训教程/熊再荣主编．—北京：化学工业出版社，2012.8

高职高专机电类专业规划教材

ISBN 978-7-122-14906-0

Ⅰ.①电…　Ⅱ.①熊…　Ⅲ.①电子技术-高等职业教育-教材　Ⅳ.①TN

中国版本图书馆 CIP 数据核字（2012）第 163505 号

责任编辑：刘　哲　洪　强　张建茹　　　　　　装帧设计：王晓宇
责任校对：宋　玮

出版发行：化学工业出版社（北京市东城区青年湖南街 13 号　邮政编码 100011）
印　　刷：北京云浩印刷有限责任公司
装　　订：三河市万龙印装有限公司
787mm×1092mm　1/16　印张 7　字数 147 千字　　2012 年 10 月北京第 1 版第 1 次印刷

购书咨询：010-64518888（传真：010-64519686）　　售后服务：010-64518899
网　　址：http：//www.cip.com.cn
凡购买本书，如有缺损质量问题，本社销售中心负责调换。

定　　价：15.00 元

前　言

　　实训教学是高等职业技术院校培养技能型应用人才的重要环节，对学生分析问题和解决问题能力的培养具有其他教学环节不可替代的重要作用。本书是根据《实用电子技术基础》、《电工学与电子技术基础》课程教学大纲的要求而编写的。

　　全书包括四个部分。第一部分为电子实训基础，介绍了 XK-TAD8A 型电子技术实训装置、信号发生器，数字示波器及数字万用表。第二部分为模拟电子技术基础实训，内容包括元器件的检测、常用电子仪器的使用、放大电路的测试、功率放大及电源电路。第三部分为数字电路的基础实训，内容包括门电路、触发器、计数器、555 定时器等。第四部分为附录，列出了集成逻辑门电路新旧图形符号对照以及部分集成电路的引脚排列。实训项目共十五个，内容兼顾课堂教学知识点与实训重点难点，并将预习考核的内容以填空、选择等题目形式，填充到每一个实训项目中，便于学生检测自己的预习情况。本书可以作为实验、实训指导书，也可以作为一体化教材。

　　本书由熊再荣主编，卢冬梅副主编，王明慧主审，李秉玉、刘涌参与部分实训项目的编写。在出版过程中得到了学院教材中心虞天国老师的大力帮助，在此表示感谢！

　　限于编者的学识水平，本书难免有不妥之处，敬请使用者批评指正。

编　者
2012 年 6 月

目　录

第一章　电子实训基础

第一节　实训须知

一、电子实训的目的与要求

1. 实训目的

① 配合课堂教学内容，验证、巩固和加深理解所学的理论知识。

② 熟悉电子线路中常用元器件的性能和使用。

③ 能正确使用常用的电子仪器，熟悉电子线路的测量技术和调试方法。

④ 培养学生理论联系实际能力，分析和解决电子线路的故障以及整理实训数据，书写实训报告的能力。

2. 实训要求

① 能读懂基本电子电路图，具有分析电路作用或功能的能力。

② 具有设计、组装和调试基本电子电路的能力。

③ 具有合理选用元器件并构成小系统电路的能力。

④ 具有分析和排除基本电子电路一般故障的能力。

⑤ 掌握常用电子测量仪器的选择与使用方法，以及各类电路性能的基本测试方法。

⑥ 能够独立拟定基本电路的实训步骤，写出严谨、有理论分析、实事求是、文字通顺和字迹端正的实训报告。

二、实训的基本过程

完成每一个实训，应做好实训预习、实训记录和实训报告等环节。

1. 实训预习

认真预习是做好实训的关键，预习好坏，不仅关系到实训能否顺利进行，而且直接影响实训效果。在每次实训前，首先要认真复习有关实训的基本原理，掌握有关器件的使用方法，对如何着手实训做到心中有数，通过预习还应做好实训前的准备，写出一份预习报告，其内容包括以下方面。

① 绘出设计好的实训电路图。对于数字电路实训，该图应该是逻辑图和连线图的混合，既便于连接线，又反映电路原理，并在图上标出器件型号、使用的引脚号及元件

数值，必要时还须用文字说明。

② 拟定实训方法和步骤。

③ 拟好记录实训数据的表格和波形坐标。

④ 列出元器件单。

2. 实训记录

实训记录是实训过程中获得的第一手资料，测试过程中所测试的数据和波形必须和理论基本一致，所以记录必须清楚、合理、正确，若不正确，则要现场及时重复测试，找出原因。实训记录应包括如下内容。

① 实训任务、名称及内容。

② 实训数据和波形，以及实训中出现的现象，从记录中应能初步判断实训的正确性。

③ 记录波形时，应注意输入、输出波形的时间相位关系，在坐标中上下对齐。

④ 实训中实际使用的仪器型号和编号以及元器件使用情况。

3. 实训报告

实训报告是培养学生科学实训的总结能力和分析思维能力的有效手段，也是一项重要的基本功训练，它能很好地巩固实训成果，加深对基本理论的认识和理解，从而进一步扩大知识面。

实训报告是一份技术总结，要求文字简洁、内容清楚、图表工整。报告内容应包括实训目的、实训内容和结果、实训使用仪器和元器件以及分析讨论等，其中实训内容和结果是报告的主要部分，它应包括实际完成的全部实训，并且要按实训任务逐个书写，每个实训任务应有如下内容。

① 实训课题的方框图、逻辑图（或测试电路）、状态图、真值表以及文字说明等。对于设计性课题，还应有整个设计过程和关键的设计技巧说明。

② 实训记录和经过整理的数据、表格、曲线和波形图。其中表格、曲线和波形图应充分利用专用实训报告简易坐标格，并且应用三角板、曲线板等工具描绘，力求画得准确，不得随手示意画出。

③ 实训结果分析、讨论及结论。对讨论的范围没有严格要求，一般应对重要的实训现象、结论加以讨论，以便进一步加深理解。此外，对实训中的异常现象，可作一些简要说明，实训中有何收获，可谈一些心得体会。

三、实训中的操作规范

实训中操作的正确与否对实训结果影响甚大，因此，实训者需要注意按以下规程进行。

① 动手实训之前应对所用的实训电路板仔细检查，并熟悉元件的安装位置，以便实训时能迅速、准确地找到测量点。

② 实训桌上的各种仪器应整齐摆放在恰当的位置上，以便有利于实训的顺利进行。

③ 搭接电路时，应遵循正确的布线原则和操作步骤（即要按照先接线后通电，做完后，先断电再拆线的步骤）。

④ 读测数据和调整仪器要仔细认真。注意爱护仪器，仪器上的开关旋钮要小心扳动，切勿用力过猛。

⑤ 掌握科学的调试方法，有效地分析并检查故障，以确保电路工作稳定可靠。

⑥ 仔细观察实训现象，完整、准确地记录实训数据并与理论值进行比较分析。

⑦ 实训完毕，经指导教师同意后，可关断电源，拆除连线，整理好放在原位，并将实训台清理干净、摆放整洁。

四、常见故障检查方法

实训中，如果电路不能完成预定的功能时，就称电路有故障。产生故障的原因大致可以归纳为以下四个方面：

① 操作不当（如布线错误等）；

② 设计不当（如电路出现险象等）；

③ 元器件使用不当或功能不正常；

④ 仪器（主要指实训工作台）和元件本身出现故障。

因此，上述四点应作为检查故障的主要线索，以下介绍几种常见的故障检查方法。

1. 查线法

由于在实训中大部分故障都是由布线错误引起的，因此，在故障发生时，复查电路连线为排除故障的有效方法。应着重注意：有无漏线、错线，导线与插孔接触是否可靠，集成电路是否插牢，集成电路是否插反等。

2. 观察法

用万用表直接测量 V_{cc} 端是否加上电源电压，输入信号、时钟脉冲等是否加到实训电路上，观察输出端有无反应。重复测试，观察故障现象，然后对某一故障状态，用示波器或万用表测试各输入/输出端的信号或直流电平，从而判断出是否是插座板、元件引脚连接线等原因造成的故障。

3. 信号注入法

在电路的每一级输入端加上特定信号，观察该级输出响应，从而确定该级是否有故障。必要时可以切断周围连线，避免相互影响。

4. 信号寻迹法

在电路的输入端加上特定信号，按照信号流向逐线检查是否有响应和是否正确，必要时可多次输入不同信号。

5. 替换法

数字电路实训中，对于多输入端器件，如有多余端，则可调换另一输入端试用。必要时可更换器件，以检查器件功能不正常所引起的故障。

6. 动态逐线跟踪检查法

对于时序电路，可输入时钟信号，按信号流向依次检查各级波形，直到找出故障点为止。

7. 断开反馈线检查法

对于含有反馈线的闭合电路，应该设法断开反馈线进行检查，或进行状态预置后再进行检查。

需要强调指出，实训经验对于故障检查是大有帮助的，只要充分预习，掌握基本理论和实训原理，就不难用逻辑思维的方法较好地判断和排除故障。

第二节　实训仪器

一、XK-TAD8A 型电子技术实训装置简介

此实训装置由模拟电路实训区、数字电路实训区和电源仪表区三部分组成。

1. 模拟电路实训区

采用集中分散模块实训区方式，建有元件区及实训扩展区，并在线路实训区印有相应的实训原理图，可根据不同的实训要求，采用弹簧叠插导线连接成相应的实训电路，完成所需的实训内容。

该部分由一块大型单面敷铜印刷线路板组成，其正面印有清晰的各部件和元器件的图形、线条和字符，反面则是其相应的实际元器件。其结构如图 1-2-1 所示。

① 400 多个自锁紧式、防转、叠插式插座。它们与集成电路插座、镀银针管插座以及其他固定器件、线路等，已在印刷板面连接好。正面板上有黑线条连接的地方，表示反面（即印刷线路板面）已接好。这类插件，其插头与插座之间的导电接触面很大，接触电阻极其微小。在插头插入后略加旋转，即可获得极大的轴向锁紧力；拔出时，只要反方向略加旋转，即可轻轻地拔出，无需任何工具便可快捷地插拔。同时，插头与插头之间可以叠插，从而可形成立体布线空间，使用起来极为方便。

② 200 多根镀银长紫铜针管插座。这些插座供实训时插小型电位器、电阻、电容、三极管及其他电子器件之用（它们与相应的锁紧插座已在印刷线路板面连通）。

③ 各类电子元器件若干。板的反面装接有与正面丝印相对应的电子元器件，如三

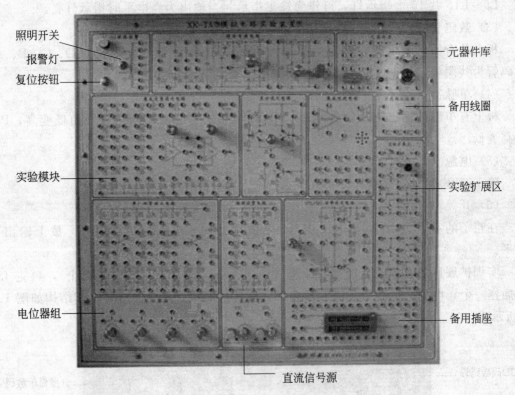

照明开关

报警灯

复位按钮

元器件库

备用线圈

实验模块

实验扩展区

电位器组

备用插座

直流信号源

图 1-2-1　模拟电路实训区

端集成稳压块 LM317、7812、7912 各 1 只，晶体三极管 9013、8050 和 8550 若干，以及场效应管 3DJ6F、单结晶体管 BT33、晶闸管 3CT3A、二极管、功率电阻、电容等元器件。

④ 可调电位器（1kΩ、10kΩ、100kΩ、680kΩ 各 1 只），以及继电器、蜂鸣器（Buzz）、12V 信号灯、发光二极管（LED）、扬声器（0.25W，8Ω）、6MHz 和 32768Hz 石英晶振各 1 只，按钮和开关等。

⑤ 实训电路图。该实训线路板上设置了 6 幅实训电路图，其元器件及各元器件之间的连线基本上设计在实训线路板上。使用时，只需稍加连线，即能做出晶体管共射极单管放大器、两级放大器、负反馈放大器、射极输出器、场效应管放大器、集成运算放大器、差动放大器、RC 串并联选频网络振荡器、功率放大器、稳压电路等实训电路。

⑥ 低压交流源：0—6V—10V—15V（15V 具备短路报警功能）、双 0—17V。

⑦ 其他。本实训箱还提供充足的长短不一的实训专用连线 1 套。

2. 数字电路实训区

(1) 信号源

面板上有 9 个频率输出点，分别为 4MHz、2MHz、1MHz、100kHz、10kHz、1kHz、100Hz、10Hz、1Hz，可用作信号源。

(2) 指示灯

L0～L15 共 15 个指示灯，可作为输出指示。当输出为高电平时指示灯亮。

（3）数码管

板上共有数码管 6 个，其对应的输入为 8421 码的数据线，分别为 D、C、B、A，数码管为共阴极，用 D、C、B、A 进行编码，得到从"0～9"的显示。

（4）单脉冲

板上有单脉冲输出端，分别为 P＋、P－。当按下相应按键时，P＋由低变高，P－由高变低。

（5）电源

除＋5V 电源外，还有－5V 和 12V。

（6）开关

在箱子的右下方有 K0～K15 共 15 个拨动开关。拨下输出低电平，拨上输出高电平。

实训扩展区备有多个万能锁紧插座（40 芯 4 个、16 芯 3 个、14 芯 2 个），44 芯 ISP 编插座一个，电阻、电容、三极管及多个元器件扩展口、电位器组等。其结构如图 1-2-2 所示。

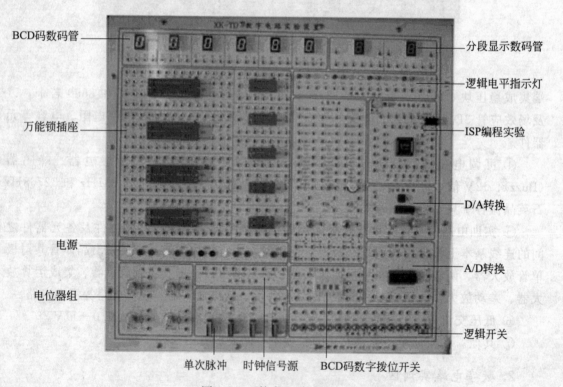

图 1-2-2　数字电路实训区

3．电源仪表区

该区结构如图 1-2-3 所示。

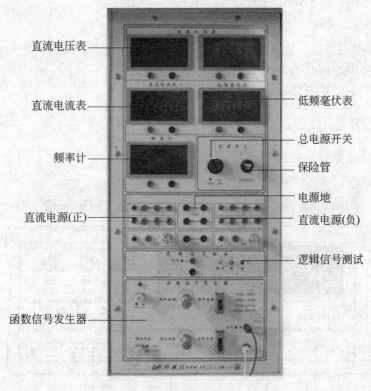

直流电压表——

直流电流表——　　　　——低频毫伏表

　　　　　　　　　　——总电源开关

频率计——　　　　　　——保险管

　　　　　　　　　　——电源地

直流电源(正)——　　　　——直流电源(负)

　　　　　　　　　　——逻辑信号测试

函数信号发生器——

图 1-2-3　电源仪表区

配置如下。

① 直流稳压电源：±5V、≥1A；±12V、≥0.5A；±3～30V、≥0.5A（连续可调）。

② 函数信号发生器：输出方波、三角波、正弦波三种不同波形，由波段开关进行控制。信号的频率分四挡，在 20Hz～100kHz 连续可调，输出信号幅度大小约 5V，由输出调节旋钮进行调节，并配有输出衰减按钮 0dB 和 20dB，此按钮没有按下时，信号无衰减输出，按下此衰减按钮，信号将衰减 20dB，即 10 倍输出。

③ 测试仪表：数显式直流电压表 2 块、数显式直流电流表 1 块、数显示交流毫伏表 1 块、数显式 1MHz 频率计 1 块、三态逻辑测试笔 1 个。

注意　频率计使用时，对信号的幅度有要求，测试时如无频率显示，应增大信号幅度，直到稳定显示。

二、优利德 UTG9002C 函数信号发生器简介

信号发生器是指能产生测试信号的仪器，又称信号源，可用于测试或检修各种电子仪器设备中的低频放大器的频率特性、增益、通频带，也可用作高频信号发生器的外调制信号源。

1. UTG9002C 函数信号发生器基本工作特性指标

波形：正弦波，方波，三角波，脉冲波，锯齿波等。

工作频率范围：0.2Hz～2MHz

幅度（最大）：25V_{p-p}

功率：$\geqslant$ 3W_{p-p}

衰减器：20dB、40dB、20dB＋40dB

LED 显示：4 位频率显示，3 位幅度显示。

2．面板说明

UTG9002C 函数信号发生器面板图如图 1-2-4 所示。

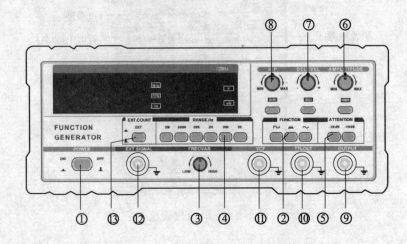

图 1-2-4　UTG9002C 面板图

说明如下。

① 电源开关（POWER）：按下为 ON—开，抬起为 OFF—关。

② 功能开关（FUNCTION）：波形选择（正弦、方波、三角波）。

③ 分挡开关（RANGE－Hz）：设置输出频率频段，分六挡选择。

④ 频率微调（FREQ VAR）：调节输出频率，频率覆盖范围 10 倍。

⑤ 衰减器（ATT）：可选择 0dB、20dB 、40dB 、60dB 衰减。

⑥ 幅度（AMPLITUDE）：调节输出幅度。

⑦ 直流偏移调节（DC LEVEL）：当开关按入时，直流电平为－10～＋10V 连续可调；当开关按出时，直流电平为 0。

⑧ 占空比调节（R/P）：当开关按入时，占空比为 10％～90％内连续可调，频率缩小 10 倍；当开关按出时，占空比为 50％。

⑨ 输出（OUTPUT）：波形输出端。

⑩ TTL 电平（TTLOUT）：只有 TTL 电平输出端，幅度 3.5V_{p-p}。

⑪ VCF：控制电压输入端。

⑫ EXT SIGNAL：外测频率输入端。

⑬ EXT：测频方式（内/外）。

3．使用方法

① 接通电源开机。

② 按下功能开关，选择所需信号类型。

③ 设置输出频率：按下分挡开关选择合适频段，再旋转频率微调。从频率显示窗口可看到当前输出信号频率。

④ 设置输出幅度：当需要小信号时，按下衰减器，调节幅度至需要的输出幅度。

⑤ 信号通过信号线从 OUTPUT 输出。

三、DS1022C 数字示波器的使用简介

示波器，即显示波形的仪器。它能把肉眼看不见的电信号变换成看得见的图像，便于人们研究各种电现象的变化过程。利用示波器，除了能观察各种不同信号的幅度随时间变化的波形曲线，还可以用它测试各种不同的电量，如电压、电流、频率、相位差、调幅度等。

DS1022C 数字示波器向用户提供简单而功能明晰的前面板，以进行所有的基本操作。为加速调整，便于测量，用户可直接按"AUTO"键，立即获得适合的波形显现和挡位设置。

1．DS1022C 数字示波器性能特点

① 双通道＋外触发，每通道带宽 25MHz。

② 高清晰彩色/单色液晶显示系统，320×234 分辨率。

③ 支持即插即用 USB 存储设备和打印机，并可通过 USB 存储设备进行软件升级。

④ 波形亮度可调。

⑤ 自动波形、状态设置（AUTO）。

⑥ 自动测量 20 种波形参数。

⑦ 自动光标跟踪测量功能。

⑧ 独特的波形录制和回放功能。

⑨ 支持示波器快速校准功能。

⑩ 独一无二的可变触发灵敏度，适应不同场合下特殊测量的要求。

⑪ 多国语言菜单显示。

⑫ 弹出式菜单显示，用户操作更方便、直观。

⑬ 中英文帮助信息显示。

⑭ 自动校准功能。

2．控制及显示面板说明

DS1022C 示波器控制面板上包括旋钮和功能按键。旋钮的功能与其他示波器类似。DS1022C 面板操作说明如图 1-2-5 所示，显示界面如图 1-2-6 所示。

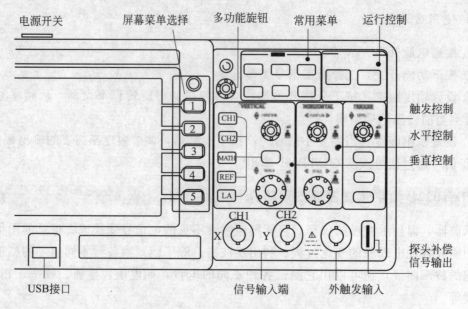

图 1-2-5　DS1022C 面板操作说明图

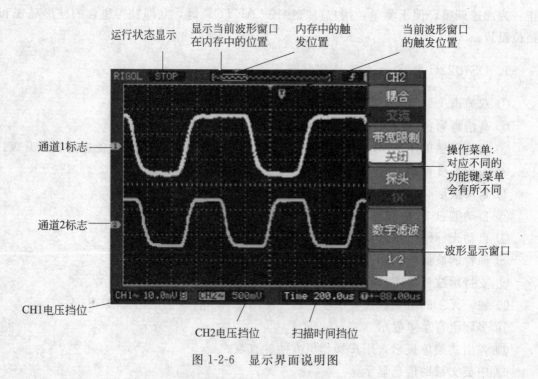

图 1-2-6　显示界面说明图

3. 如何自动显示波形

DS1022C 数字示波器具有自动设置的功能。根据输入的信号，可自动调整电压倍率、时基以及触发方式至最好形态显示。应用自动设置，要求被测信号的频率大于或等于 50Hz，占空比大于 1%。

使用自动设置：

① 将被测信号连接到信号输入通道 CH1 或 CH2；

② 按下"AUTO"按钮。

示波器将自动设置垂直、水平和触发控制。如信号显示不完整或没达到需要，可手工调整水平或垂直控制旋钮，使波形显示达到最佳。

4. 如何进行自动测量

在常用菜单"MENU"控制区，"MEASURE"为自动测量功能按键，如图 1-2-7 所示。

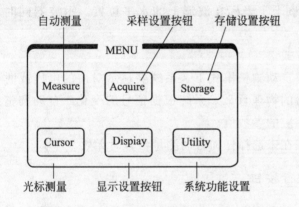

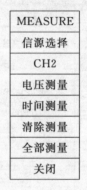

图 1-2-7　MENU 控制区　　　　　图 1-2-8　自动测量菜单

按"MEASURE"自动测量功能键，系统显示自动测量操作菜单，如图 1-2-8 所示。该示波器具有 18 种自动测量功能，包括峰峰值、最大值、最小值、顶端值、底端值、幅值、平均值、均方根值、过冲、预冲、频率、周期、上升时间、下降时间、正占空比、负占空比、正脉宽和负脉宽的测量，共 10 种电压测量和 8 种时间测量。

操作说明如下。

① 选择被测信号通道：根据信号输入通道不同，选择"CH1"或"CH2"。按钮操作顺序为："MEASURE"→"信源选择"→"CH1 或 CH2"。

② 获得全部测量数值：如菜单所示，按 5 号菜单操作键，设置"全部测量"项状态为打开。18 种测量参数值显示于屏幕下方。

③ 选择参数测量：按 2 号或 3 号菜单操作键，选测量类型，查找感兴趣的参数所在的分页。按钮操作顺序为："MEASURE"→"电压测量、时间测量"→"最大值、最小值"……

④ 获得测量数值：应用 2、3、4、5 号菜单操作键，选择参数类型，并在屏幕下方直接读取显示的数据。若显示的数据为"∗∗∗∗∗"，表明在当前的设置下，此参数不可测。

⑤ 清除测量数值：如菜单所示，按 4 号菜单操作键，选择清除测量。此时，所有屏幕下端的自动测量值从屏幕消失。

5. 如何进行光标测量

如图 1-2-7 所示，在"MENU"控制区，"CURSOR"为光标测量功能按键。

光标模式允许用户通过移动光标进行测量。光标测量分为 3 种模式。

（1）手动方式

光标 X 或 Y 方式成对出现，并可手动调整光标的间距。显示的读数即为测量的电压或时间值。当使用光标时，需首先将信号源设定成所要测量的波形。

（2）追踪方式

水平与垂直光标交叉构成十字光标。十字光标自动定位在波形上，通过旋动多功能旋钮（↻），可以调整十字光标在波形上的水平位置。示波器同时显示光标点的坐标。

图 1-2-9　AUTO 菜单

（3）自动测量方式

通过此设定，在自动测量模式下，系统会显示对应的电压或时间光标，以揭示测量的物理意义。系统根据信号的变化，自动调整光标位置，并计算相应的参数值。

注意　此种方式在未选择任何自动测量参数时无效。

6. 如何使用执行按钮

执行按键包括"AUTO"（自动设置）和"RUN/STOP"（运行/停止）。

① AUTO（自动设置）　自动设定仪器各项控制值，以产生适宜观察的波形显示。

按"AUTO"后，菜单显示如图 1-2-9 所示，各选项说明如表 1-2-1 所示。

表 1-2-1　AUTO 菜单各选项说明

功能菜单	设　定	说　明
多周期	—	设置屏幕自动显示多个周期信号
单周期	—	设置屏幕自动显示单个周期信号
上升沿	—	自动设置并显示上升时间
下降沿	—	自动设置并显示下降时间
（撤销）	—	撤销自动设置

② RUN/STOP（运行/停止）　运行和停止波形采样。

7. 使用实例

观测电路中一未知信号，迅速显示和测量信号的频率和峰峰值。

（1）欲迅速显示该信号

可按如下步骤操作。

① 将探头菜单衰减系数设定为 10×，并将探头上的开关设定为 10×（如果用一般的信号线，省略此步）。

② 将 CH1 的探头连接到电路被测点。

③ 按下"AUTO"（自动设置）按钮。

示波器将自动设置使波形显示达到最佳。如果波形不完整，可以进一步调节垂直、水平挡位，直至波形的显示符合要求。

（2）进行自动测量

示波器可对大多数显示信号进行自动测量。欲测量信号频率和峰峰值，可按如下步骤操作。

① 测量峰峰值，步骤如下。

· 按下"MEASURE"按钮以显示自动测量菜单。

· 按下 1 号菜单操作键以选择信源"CH1"。

· 按下 2 号菜单操作键，选择测量类型：电压测量。

· 在电压测量弹出菜单中选择测量参数：峰峰值。

此时，可以在屏幕左下角发现峰峰值的显示。

② 测量频率，步骤如下。

· 按下 3 号菜单操作键，选择测量类型：时间测量。

· 在时间测量弹出菜单中选择测量参数：频率。

此时，可以在屏幕下方发现频率的显示。

注意　测量结果在屏幕上的显示会因为被测信号的变化而改变。

四、UT58A 型数字万用表使用简介

1. UT58A 型数字万用表的概述

UT58A 仪表是 1999 计数 3 1/2 数位手动量程数字万用表，具有特大屏幕、全功能符号显示及输入连接提示，全量程过载保护和独特的外观设计，使之成为性能更为优越的电工仪表。本仪表可用于测量交直流电压、交直流电流、电阻、二极管、电路通断、三极管、电容、温度和频率测量。

2. 外表结构

UT58A 型数字万用表的外形结构如图 1-2-10 所示。

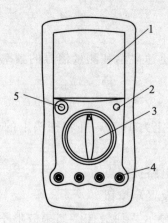

图 1-2-10　外形结构

1—LCD 显示窗；2—数据保持按键开关 HOLD；3—功能量程选择
旋钮；4—四个输入端口；5—电源按键开关 POWER

3. LCD 显示器

UT58A 的显示器如图 1-2-11 所示，显示器上符号说明如表 1-2-2 所示。

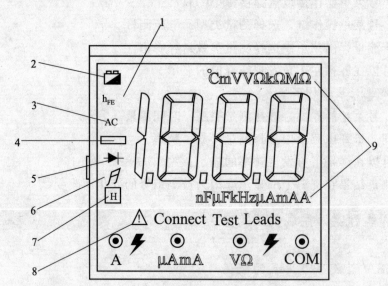

图 1-2-11　UT58A 型数字万用表的显示器

表 1-2-2　显示器上符号说明

序　　号	符　　号	说　　　明
1	h_{FE}	三极管放大倍数
2	🔋	电池欠压提示符
3	AC	测量交流时显示，直流关闭
4	▭	显示负的读数

续表

序　号	符　号	说　明
5	⊁	二极管测量提示符
6	♫	电路通断测量提示符
7	H	数据保持提示符
8	⚠	Connect Terminal 输入端口连接提示
9	Ω、kΩ、MΩ	电阻单位:欧姆、千欧姆、兆欧姆
	mV、V	电压单位:毫伏、伏特
	nF、μF	电容单位:纳法、微法
	μA、mA、A	电流单位:微安、毫安、安培
	℃	温度单位:摄氏度
	kHz	频率单位:千赫兹

4. 按键功能

UT58A 仪表的按键功能如表 1-2-3 所示。

表 1-2-3　按键功能说明

开关位置	功 能 说 明	开关位置	功 能 说 明
V ⎓	直流电压测量	A ⎓	直流电流测量
V ~	交流电压测量	A ~	交流电流测量
⊣⊢	电容测量	℃	温度测量(仅适用于 UT58B、C)
Ω	电阻测量	h_{FE}	三极管放大倍数测量
⊁	二极管测量	POWER	电源开关
♫	电路通断测量	HOLD	数据保持开关
Hz	频率测量		

5. 表笔的连接

① 交直流电压测量:黑表笔接 COM 孔,红表笔接 V 孔。

② 交直流电流测量:黑表笔接 COM 孔,红表笔接 A 或 μA、mA 孔。

③ 电阻测量:黑表笔接 COM 孔,红表笔接 Ω 孔。

④ 电容测量:将转接插座插入 V 和 mA 两个插孔,然后将被测电容插入转接插座 Cx 对应的插孔。

⑤ 二极管测量:黑表笔接 COM 孔,红表笔接 ⊁ 孔。

⑥ 电路通断测量:黑表笔接 COM 孔,红表笔接 ⊁ 孔。如果被测两端之间电阻＞70Ω,认为电路断路;被测两端之间电阻≤10Ω,认为电路良好导通,蜂鸣器连续声响。

⑦ 三极管 h_{FE} 测量:将转接插座插入 V 和 mA 两个插孔,然后将被测电容插入转接插座对应的插孔。

6. 注意事项

① 测量高于直流 60V 或交流 30V 以上电压时,务必小心谨慎,以防触电。

② 进行在线电阻、二极管或电路通断测量之前，必须先将电路中所有电源切断，并将所有电容器放尽残余电荷。

③ 当 LCD 显示屏显示蓄电池标志时，应及时更换电池，以确保测量精度。

④ 测量完毕应及时关断电源。长时间不用时，应取出电池。

⑤ 在进行交流电压测量时，显示值为正弦波有效值（平均值响应）。

⑥ 仪表的输入阻抗约为 10MΩ。这种负载在高阻抗的电路中会引起电压测量上的误差。大部分情况下，如果电路阻抗在 10kΩ 以下，误差可以忽略（0.1％或更低）。

⑦ 在进行交直流电压测量时不要输入高于 1000V 的电压。

⑧ 在进行电流测量时，应使用正确的输入端口和功能挡位，如不能估计电流的大小，应从高挡量程开始测量。

⑨ 在进行大于 10A 的电流测量时，因 A 输入端口没有设置保险丝，为了安全使用，每次测量时间应小于 10s，间隔时间应大于 15min。

⑩ 当表笔插在电流端子上时，切勿把表笔测试针并联到任何电路上，会烧断仪表内部保险丝和损坏仪表。

⑪ 如果被测电阻开路或阻值超过仪表最大量程时，显示器将显示 1。

⑫ 当测量在线电阻时，在测量前必须先将被测电路内所有电源关断，并将所有电容器放尽残余电荷。

⑬ 在低阻测量时，表笔会带来约 0.1～0.2Ω 电阻的测量误差。为获得精确读数，应首先将表笔短路，记住短路显示值，在测量结果中减去表笔短路显示值，才能确保测量精度。

⑭ 如果表笔短路时的电阻值不小于 0.5Ω 时，应检查表笔是否有松脱现象或其他原因。

⑮ 如果被测二极管开路或极性反接时，显示 1。

⑯ 在进行二极管测量时，红表笔接二极管正极，黑表笔接负极。显示器上直接读取被测二极管的近似正向 PN 结压降值，单位为 mV。对硅 PN 结而言，一般 500～800mV 为正常值。

⑰ 二极管测试和电路通断测量开路电压约为 3V。

⑱ 在电路通断测量时，如果被测两端之间电阻＞70Ω，认为电路断路；被测两端之间电阻≤10Ω，认为电路良好导通，蜂鸣器连续声响。从显示器上直接读取被测电路的近似电阻值，单位为 Ω。

⑲ 在进行电容测量时，显示器上显示的是被测电容的电容值。

⑳ 如果被测电容短路或容值超过仪表的最大量程时，显示器将显示 1。

㉑ 所有电容在测试前必须全部放尽残余电荷。

㉒ 大于 10μF 容值测量时，会需要较长的时间，属正常。

㉓ 在三极管 h_{FE} 测量时，从显示器上直接读取的是被测三极管的 h_{FE} 近似值。

㉔ 在进行电容值测量和三极管的 h_{FE} 测量时，需要使用随机附带的转接插座。

㉕ 当连续测量时间超过约 15min，显示器将消隐显示，仪表进入微功耗休眠状态。如要唤醒仪表重新工作，连续按两次"POWER"按键开关即可。

第二章 模拟电路

项目一 电子元器件的检测

一、目的

① 认识与熟悉电阻、电容、二极管及三极管的外观与型号。
② 了解二极管的特性。
③ 会用万用表判别二极管的正、负极及其性能好坏。
④ 会用万用表判别三极管的管脚、类型及其性能好坏。

二、预备知识

1. 电阻器

电阻器是电气、电子设备中用得最多的基本元件之一。电阻的主要作用是分压和分流。

电阻种类 按阻值特性，电阻可分为固定电阻、可调电阻、特种电阻（敏感电阻）。

按制造材料，电阻有碳膜电阻、金属膜电阻、线绕电阻、无感电阻、薄膜电阻等。

电阻按功能分，有负载电阻、采样电阻、分流电阻、保护电阻等。

电阻的主要参数有以下几项。

（1）标称阻值

标称在电阻器上的电阻值称为标称值，单位：Ω、$k\Omega$、$M\Omega$。标称值是根据国家制定的标准系列标注的，不是生产者任意标定的。不是所有阻值的电阻器都存在。

（2）允许误差

电阻器的实际阻值对于标称值的最大允许偏差范围，称为允许误差。常见的误差范围是 0.01%，0.05%，0.1%，0.5%，0.25%，1%，2%，5% 等。

（3）额定功率

指在规定的环境温度下，假设周围空气不流通，在长期连续工作而不损坏或基本不改变电阻器性能的情况下，电阻器上允许的消耗功率。常见的有 1/16W、1/8W、1/4W、1/2W、1W、2W、5W、10W。

电阻阻值标法 通常有色环法和数字法。色环法在一般的电阻上比较常见，即不同的颜色表示不同的阻值和误差，黑、棕、红、橙、黄、绿、蓝、紫、灰、白分别代表 0、1、2、3、4、5、6、7、8、9。

色环电阻分四环和五环，倒数第二环表示零的个数，最后一位表示误差。倒数第二环，可以是金色（代表×0.1）和银色（代表×0.01），最后一环误差可以是无色（20%）。

五环电阻为精密电阻，前三环为数值，最后一环还是误差色环，通常是金、银和棕三种颜色，金的误差为 5%，银的误差为 10%，棕色的误差为 1%，无色的误差为 20%。

通常使用万用表可以很容易测出电阻的阻值，判断出电阻的好坏。**方法**：将万用表调节在电阻挡的合适挡位，并将万用表的两个表笔放在电阻的两端，就可以从万用表上读出电阻的阻值。

2. 电容器

电容器，是由两个中间隔以绝缘材料（介质）的电极组成、具有存储电荷功能的电子元件。

在电路中，电容有阻止直流电流通过，允许交流电流通过的性能，在电路中可起到旁路、耦合、滤波、隔直流、储存电能、振荡和调谐等作用。在直流电路中，电容器相当于断路。

电容器分有极性电容器和无极性电容器。电解电容、钽质电容为有极性电容器，独石电容、陶瓷电容为无极性电容器。

电容器主要参数为额定电压和容量。

电容器容量标示方法如下。

（1）直标法

用数字和单位符号直接标出。如 $1\mu F$ 表示 1 微法。有些电容用 "R" 表示小数点，如 $R56$ 表示 0.56 微法。

（2）文字符号法

用数字和文字符号有规律的组合来表示容量。如 p10 表示 0.1pF，1p0 表示 1pF，6P8 表示 6.8pF，$2\mu 2$ 表示 $2.2\mu F$。

（3）数学计数法

一般用三位数字表示容量大小，前两位表示有效数字，第三位数字是倍率。如：

$$102 \text{ 表示 } 10\times 10^2 \text{pF}=1000\text{pF} \qquad 224 \text{ 表示 } 22\times 10^4 \text{pF}=0.22\mu F$$

不同的电路应选择不同种类的电容。

① 一般在滤波电路中应选用电解电容。

② 在高频和高压电路中应选用瓷片电容。

③ 在隔断直流电路中应选用涤纶或电解电容。

④ 电容的额定电压应高于实际工作电压的 10%～20%。

3. 二极管

二极管，只允许电流由单一方向流过，即具有单向导电性。二极管的主要用途是整流、开关、稳压等。

（1）判断二极管的正负极

普通二极管一般在外壳上均印有型号和标记。标记有箭头、色点、色环三种，箭头所指方向或靠近色环的一端为阴极，有色点的一端为阳极。若遇到型号和标记不清楚时，可用万用表进行判别。

机械式万用表用欧姆挡，挡位选在 R×100Ω 挡或 R×1kΩ 挡（此时黑表笔是内部电池的正极），主要利用二极管的单向导电性进行测量。测量时，两表笔分别接被测二极管的两个电极，若测出的电阻值为几百欧姆到几千欧姆，说明是正向电阻，这时黑表笔接的是二极管正极，红表笔接的是二极管的负极；若电阻值在几十千欧到几百千欧，即为反向电阻，此时，红表笔接的是二极管的正极，黑表笔接的是二极管的负极。

若用数字式万用表，则用 ⊶ 挡进行测量（红表笔是内部电池的正极）。一般情况下：硅二极管显示 500～700mV，发光二极管显示 1800mV 左右，则红表笔接触的是二极管的正极；如表头显示的是 1，则黑表笔接触的一端是正极。

（2）检查二极管的好坏

一般二极管的反向电阻比正向电阻大几百倍，可以通过测量正、反向电阻来判断二极管的好坏。

4. 三极管

三极管的主要作用是放大电流（电压）和功率。

用万用表可以判断三极管的电极、类型及好坏。一般机械式万用表选择欧姆挡 R×100Ω 挡或 R×1kΩ 挡，数字式万用表则用 ⊶ 挡进行测量。

用数字式万用表判别三极管极性的 b 极：将数字式万用表量程开关置二极管挡，将红表笔接三极管的某一个管脚，黑表笔分别接其他两个管脚，若表头两次都显示 0.5～0.8V（硅管），则该管为 NPN 型三极管，且红表笔接的是基极。

三、设备与元器件

① 数字式万用表。

② XK-TAD8A 型实训装置。

③ 元器件：二极管、NPN 三极管、PNP 三极管、电阻器、电容器等。

四、注意事项

① 正确使用万用表，测量时万用表表笔的极性不能接反。

② 测量二极管、三极管时，注意万用表欧姆挡的量程。

五、预习与思考

① 学习第一篇实训仪器有关实训工作台及万用表的介绍。

② 某 4 环电阻的颜色从左到右依次是红、紫、黄、银，则此电阻的阻值为 ____ 。

六、实训内容

1. 用万用表判断二极管的好坏及二极管的极性

用万用表的 ⊢ 挡，设二极管的一端为 A，另一端为 B，分别测量实训工作台上两个二极管的正、反向压降值，填入表 2-1-1。

表 2-1-1　二极管的测试

项　　目	二极管 1	二极管 2
红表笔接 A,黑表笔接 B		
红表笔接 B,黑表笔接 A		
判断二极管好坏		
二极管的正极为(A 或 B)		

2. 测试二极管的单向导电性

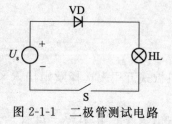

图 2-1-1　二极管测试电路

按图 2-1-1 连接电路，U_s 接 12V 直流电压，检查无误后，闭合开关 S，观察灯泡工作情况，填入表 2-1-2。

打开开关，将二极管 VD 反接，检查无误后，闭合开关，观察灯泡工作情况，填入表 2-1-2。

根据以上步骤，总结二极管导电特性。

表 2-1-2　二极管导电特性

项　　目	VD 正接	VD 反接
灯泡工作情况		
二极管的特性		

3. 三极管的判别与测量

(1) 检测硅 NPN 管

用万用表的 ⊢ 挡，测量三极管发射结 b-e、集电结 b-c、c-e 间正、反向压降，填入表 2-1-3，并判断其好坏。

(2) 检测锗 PNP 管

方法同上，结果填入表 2-1-4。

表 2-1-3　硅 NPN 管好坏的判定

项　　目	b-c	b-e	c-e
正向压降			
反向压降			
结论			

表 2-1-4　锗 PNP 管好坏的判定

项　　目	b-c	b-e	c-e
正向压降			
反向压降			
结论			

4. 电阻、电容的读测

读测给定的电阻、电容，将结果填入表 2-1-5 和表 2-1-6 中。

表 2-1-5　电阻阻值的识别与检测

序　列　号	电阻标注色环颜色 （按色环顺序）	标称阻值及误差 （由色环写出）	测量阻值 （万用表）
1			
2			
3			
4			

表 2-1-6　电解电容容值识别以及漏电阻的检测

序　列　号	标　称　容　值	耐　压　值	实测漏电阻
1			
2			

七、作业

① 完成各项实训表格。

② 总结二极管的特性。

③ 数字万用表在使用时要注意哪些问题？

项目二　常用电子仪器的使用与测量

一、目的

① 掌握信号发生器和示波器的基本使用方法。

② 掌握电子仪器之间的相互搭配、使用技巧和注意事项。

③ 学会用数字示波器观察正弦信号波形和读取波形参数。

二、预备知识

在模拟电子电路实训中，经常使用的电子仪器有示波器、信号发生器等。它们和万用表一起，可完成对模拟电子电路的静态和动态工作情况的测试。

实训中要对各种电子仪器进行综合使用，可按照信号流向，以连线简捷、调节顺手、观察与读数方便等原则进行合理布局。各仪器与被测实训装置之间的布局与连接如图 2-2-1 所示。接线时应注意，为防止外界干扰，各仪器的公共接地端应连接在一起，称共地。信号源的引线通常用屏蔽线或专用电缆线，示波器接线使用专用电缆线（探头）。

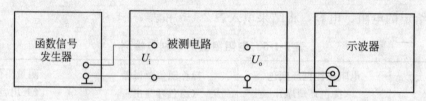

图 2-2-1　模拟电路实训中常用电子仪器布局图

1. 函数信号发生器

函数信号发生器是用来产生模拟信号和数字信号的仪器，用于测试或检修各种电子仪器设备中的低频放大器的频率特性、增益、通频带。

UTG9002C 信号发生器能够产生幅值范围为 0～25V、频率范围为 0.2Hz～2MHz 的正弦波、方波、三角波以及任意波形，并带有直流偏置功能。

函数信号发生器作为信号源，它的输出端不允许短路。

2. 示波器

示波器的应用很广泛，可以用来测试各种周期性变化的电信号波形，可测量电信号的幅度、频率、相位等。示波器的种类很多，在本书实训过程中主要使用的是 DS1022 型数字示波器。DS1022 数字示波器具有自动设置的功能。根据输入的信号，可自动调整电压倍率、时基以及触发方式至最好形态显示。其使用参见仪器介绍相关部分。

三、设备

① 信号发生器。

② 数字示波器。

四、注意事项

① 各仪器连接时一定要注意各接地端子必须连在一起（公共接地），以防外界干扰而影响测量结果。

② 信号发生器输出端不许短路。

五、预习与思考

① 学习第一篇实训仪器有关信号发生器、数字示波器的介绍。

② 写出预习报告，准备好实验数据记录表格。

六、实训内容

1. 信号输入与频率、峰峰值的比较

从信号发生器输出各种不同频率（不同频段）、不同峰峰值的信号，用示波器观察，并测出频率和峰峰值，与信号发生器上显示的值比较。将测试结果填入表 2-2-1 中。

表 2-2-1　信号发生器显示值和示波器测量值的比较

项目	$U_{\text{P-P}}/\text{V}$		f/Hz		T/s	
	测量值	标准值	测量值	标准值	测量值	标准值
信号 1						
信号 2						
信号 3						

2. 测量两波形间相位差

① 按图 2-2-2 连接实训电路，将函数信号发生器的输出调至频率为 1kHz、峰值为 2V 的正弦波，经 RC 移相网络获得频率相同但相位不同的两路信号 U_i 和 U_R，分别加到示波器的 CH1 和 CH2 输入端。

② 利用示波器的光标测量功能，测出两波形在水平方向的差距 ΔX 及信号周期 P_{rd}，则可求得两波形相位差 θ，如图 2-2-3 所示。

$$\theta=\frac{\Delta X}{P_{rd}}\times 360°$$

式中　P_{rd}——周期；

　　　ΔX——光标 1 与 2 的水平间距，即光标间的时间值。

七、作业

① 完成实训要求的表格。

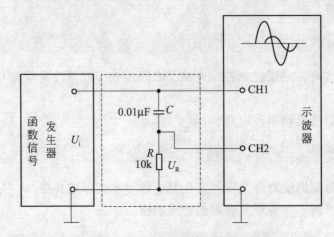

图 2-2-2　两波形间相位差测量电路

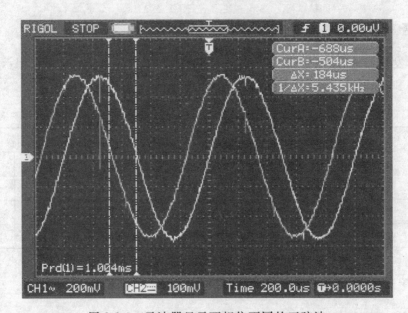

图 2-2-3　示波器显示两相位不同的正弦波

② 数字示波器怎样自动显示？怎样自动测量？

③ 函数信号发生器有哪几种输出波形？它的输出端能否短接？

项目三　单管放大电路的组装与测试

一、目的

① 会根据电路图搭接放大电路。
② 学会放大器静态工作点的调试方法，并会分析静态工作点对放大器性能的影响。
③ 会测量放大器电压放大倍数。
④ 熟悉常用电子仪器及模拟电路实训设备的使用。

二、预备知识

图 2-3-1 为电阻分压式工作点稳定单管放大器实训电路图。它的偏置电路采用 R_{B1} 和 R_{B2} 组成的分压电路，并在发射极中接有电阻 R_E，以稳定放大器的静态工作点。当在放大器的输入端加入输入信号 U_i 后，在放大器的输出端便可得到一个与 U_i 相位相反、幅值被放大了的输出信号 U_o，从而实现电压放大。

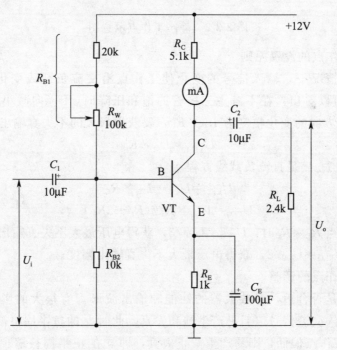

图 2-3-1　共射极单管放大器实训电路

1. 放大器静态工作点的调整与测量

（1）静态工作点

静态工作点是指在电路输入信号为零时，电路中各支路电流和各节点的电压值。通常直流负载线与交流负载线的交点 Q 所对应的参数 I_{BQ}、I_{CQ}、U_{CEQ} 是主要观测对象，如

图 2-3-2 所示。在电路调试过程中，电路参数确定以后，对工作点起决定作用的是 I_B，测量比较方便的是 U_{CE}，通过调节 R_W 改变电流 I_B，通过测量 U_{CE} 判断工作点是否合适。

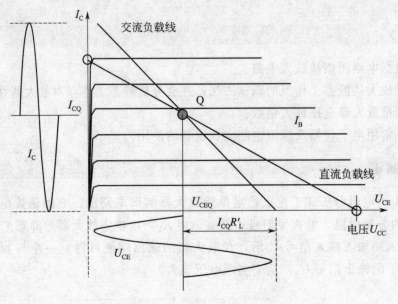

图 2-3-2　静态工作点示意图

（2）静态工作点的设置原则

在有负载的情况下，输入信号的变化使工作点沿交流负载线变化。从图 2-3-2 中 U_{CE} 的变化规律可以看出：在不考虑三极管的饱和压降时，U_{CE} 向减小方向的变化幅度为 U_{CEQ}，向增大方向的变化幅度为 $I_{CQ} \times R_L'$，要获得最大的不失真输出幅度，则：

$$U_{CEQ} = I_{CQ} \times R_L'$$

由于 U_{CEQ} 和 I_{CQ} 满足直流负载线方程

$$U_{CEQ} = U_{CC} - I_{CQ} \times R_C$$

代入上式得：

$$U_{CEQ} = U_{CC} \times R_L / (R_C + 2R_L)$$

上式表明：当 $R_L = R_C$ 时，$U_{CEQ} = U_{CC}/3$，获得电压最大不失真输出幅度；当无负载时（$R_L = \infty$），$U_{CEQ} = U_{CC}/2$，获得电压最大不失真输出幅度。

（3）静态工作点的调整

静态工作点是否合适，对放大器的性能和输出波形都有很大的影响。如工作点偏高，放大器在加入交流信号以后易产生饱和失真，此时 u_o 的负半周将被削底，如图 2-3-3(a) 所示。如工作点偏低，则易产生截止失真，即 u_o 的正半周被缩顶（一般截止失真不如饱和失真明显），如图 2-3-3(b) 所示。这些情况都不符合不失真放大的要求。所以在选定工作点以后，还必须进行动态调试，即在放大器的输入端加入一定的 u_i，检查输出电压 u_o 的大小和波形是否满足要求。如不满足，则应调节静态工作点的位置。

改变电路参数 U_{CC}、R_C、R_B（R_{B1}、R_{B2}）都会引起静态工作点的变化，但通常多采用调节偏电阻 R_{B1} 的方法来改变静态工作点。

上面所说的工作点"偏高"或"偏低"不是绝对的，应该是相对信号的幅度而言，

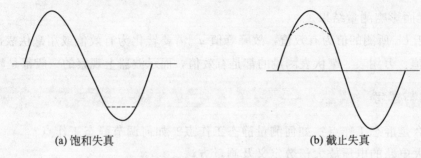

(a) 饱和失真   (b) 截止失真

图 2-3-3 静态工作点对 u_o 波形失真的影响

如信号幅度很小，即使工作点较高或较低，也不一定会出现失真。所以确切地说，产生波形失真是信号幅度与静态工作点设置配合不当所致。如需满足较大信号的要求，静态工作点最好尽量靠近交流负载线的中点。

（4）静态工作点的测量

测量放大器的静态工作点，应在输入信号 $U_i=0$ 的情况下进行，即将放大器输入端与地端短接，分别测量晶体管的集电极电流 I_C 以及各电极对地的电位 U_B、U_C 和 U_E。也可采用测量电压，然后算出 I_C 的方法。例如，只要测出 U_E，即可用 $I_C \approx I_E = \dfrac{U_E}{R_E}$ 算出 I_C（也可根据 $I_C = \dfrac{U_{CC}-U_C}{R_C}$，由 U_C 确定 I_C），同时也能算出

$$U_{BE}=U_B-U_E, \qquad U_{CE}=U_C-U_E$$

2. 电压放大倍数 A_u 的测量

根据电压放大倍数的定义 $A_u=U_o/U_i$，测量输出电压 U_o 和输入电压 U_i 就可以计算出电压放大倍数。

调整放大器到合适的静态工作点，然后加入输入电压 U_i，在输出电压 U_o 不失真的情况下，用毫伏表测量 U_i 和 U_o，或从示波器上测出 u_i 和 u_o 的峰峰值，则 $A_u=U_o/U_i$。

三、设备

① 信号发生器。

② 数字示波器。

③ 数字式万用表。

④ XK-TAD8A 型实训装置。

四、注意事项

① 搭接电路时，按一定的顺序插线，尽可能少走线，走短线。

② 插线和拆线要慢插慢拆。做完每个小实验要关掉电源，把连接线整理好，为下个实验做好准备。

③ 各仪器与放大器连接时，一定要注意各接地端子必须连在一起（公共接地），以

防外界干扰而影响测量结果。

④ 由于 U_o 所测的值为有效值，故峰峰值 u_{ipp} 需要转化为有效值或用毫伏表测得的 U_i 来计算 A_u 值。万用表、毫伏表测量的都是有效值，而示波器上观察的一般都是峰峰值。

五、预习与思考

① 什么是静态工作点？如何测量静态工作点？如何调节静态工作点？

② 放大电路的电压放大倍数定义及测量方法。

③ 写出预习报告，准备好实验数据记录表格。

六、实训内容

1. 接线

在实训工作台上按图 2-3-1 实训原理图连线，检查无误后接通电源。

2. 调整并测量静态工作点

在放大器的输入端即 C_1 处加入一个频率为 1kHz、峰峰值为 20mV 的正弦信号。

用示波器先观察一下输入波形是否正常，然后观察输出波形。调节 R_W，使三极管工作在放大区，且输出波形不失真，记下此时的输出波形，并测量此时静态工作点的电压值。断开电源，测量 R_{B1} 的阻值。记入表 2-3-1 ②行。

调节 R_W，使 I_C 减小，使三极管的静态工作点接近截止区。为了能明显观察截止时的输出波形，可将 U_i 由原来的 20mV 增加到 40mV（或 60mV），记下输出波形和静态工作点的电压，记入表 2-3-1 第③行。

调节 R_W，使 I_C 增大，使三极管的静态工作点接近饱和区。记下输出波形和静态工作点的电压，记入表 2-3-1 第①行。

表 2-3-1　静态工作点测试

序列号	测 量 值					计 算 值		判断工作状态
	I_C/mA	U_{BQ}/V	U_{CQ}/V	U_{CEQ}/V	R_{B1}/kΩ	I_C/mA	U_{CEQ}/V	
①				≈0				
②								
③				9V 以上				

3. 测量电压放大倍数

在放大器的输入端加入一个频率为 1kHz、有效值为 10mV 的正弦信号，用示波器观察输出端的波形。在 U_o 波形不失真的条件下，用毫伏表测量下述几种情况下（注意：不变实训电路时，只改变 R_C、R_L）的 U_o 值，记入表 2-3-2。

表 2-3-2 电压放大倍数的测量

序列号	电路条件			测量值	计算 $A_u = \dfrac{U_o}{U_i}$
	R_C	R_L	U_i/mV	U_o/V	
①	2.4kΩ	∞	10		
②	2.4kΩ	2.4kΩ	10		
③	5.1kΩ	∞	10		
④	5.1kΩ	2.4kΩ	10		

4. 观察静态工作点对电压放大倍数的影响

在 $R_C = 5.1kΩ$、$R_L = ∞$ 接线条件下，从 U_i 处输入频率为 1kHz、峰峰值为 20mV 的正弦波信号。调节 R_w，用示波器监视输出电压波形。在 U_o 不失真的条件下，测量数组 I_C 和 U_o 的值记入表 2-3-3。

表 2-3-3 $R_C = 5.1kΩ$ $R_L = ∞$ $U_i = $ ___ mV（有效值）

I_C/mA		1.0			
U_o/V					
A_u					

七、作业

① 列表整理测量结果，并把实测的静态工作点、电压放大倍数与理论计算值进行比较（取一组数据进行比较），分析产生误差的原因。

② 总结 R_C、R_L 及静态工作点对放大器输出波形的影响。

③ 分析讨论在调试过程出现的问题。

项目四　负反馈放大器

一、目的

① 加深理解负反馈放大电路的工作原理及电压串联负反馈对放大电路性能的影响。

② 了解负反馈放大电路的一般测试方法。

③ 学习放大器频率特性的测试方法。

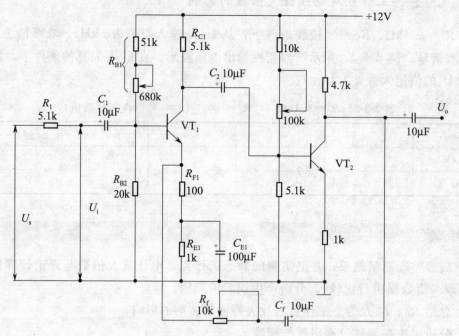

图 2-4-1　带有电压串联负反馈的两级阻容耦合放大器

二、预备知识

负反馈在电子电路中有着非常广泛的应用，虽然它使放大器的放大倍数降低，但能在多方面改善放大器的动态指标，如稳定放大倍数，改变输入、输出电阻，减少非线性失真和展宽通频带等。

图 2-4-1 为带有负反馈的两级阻容耦合放大电路。在电路中通过 R_f 把输出电压 U_o 引回到输入端，加在晶体管 VT_1 的发射极上，在发射极电阻 R_{F1} 上形成反馈电压 U_f。根据反馈的判断法可知，它属于电压串联负反馈。

（1）闭环电压放大倍数 A_{uf}

$$A_{uf}=\frac{A_u}{1+A_uF_u} \tag{2-4-1}$$

式中　$A_u=U_o/U_i$——基本放大器（无反馈）的电压放大倍数，即开环电压放大倍数；

$1+A_uF_u$——反馈深度，它的大小决定了负反馈对放大器性能改善的程度。

（2）反馈系数

$$F_u = \frac{R_{F1}}{R_f + R_{F1}} \qquad (2\text{-}4\text{-}2)$$

（3）输入电阻 $\qquad R_{if} = (1+A_uF_u)R_i'$ $\qquad (2\text{-}4\text{-}3)$

式中 R_i'——基本放大器的输入电阻（不包括偏置电阻）。

（4）输出电阻 $\qquad R_{of} = \dfrac{R_o}{1+A_{uo}F_u}$ $\qquad (2\text{-}4\text{-}4)$

式中 R_o——基本放大器的输出电阻；

A_{uo}——基本放大器 $R_L = \infty$ 时的电压放大倍数。

三、设备

① 数字示波器。

② 数字式万用表。

③ XK-TAD8A 型实训仪。

四、注意事项

① 搭接电路时，按一定的顺序插线，尽可能少走线，走短线。

② 插线和拆线要慢插慢拆。做完每个小实验要关掉电源，把连接线整理好，为下个实验做好准备。

③ 各仪器与放大器连接时，一定要注意各接地端子必须连在一起（公共接地），以防外界干扰而影响测量结果。

④ 测量值都应统一为有效值的方式计算，绝不可峰峰值和有效值混算。示波器所测量的为峰峰值，万用表和毫伏表所测量的为有效值。

五、预习与思考

① 复习电压串联负反馈内容。熟悉电压串联负反馈的电路的工作原理，以及对放大器性能的影响。

② 负反馈对放大器性能的改善程度取决于反馈深度 $|1+AF|$，是否 $|1+AF|$ 越大越好？为什么？

③ 测量放大器的输入电阻时，如果改变放大器的工作点，对测量输入电阻有何影响？如果改变负载电阻值，对测量输出电阻有无影响？为什么？

④ 测量放大器的输入、输出阻抗时，为什么选择频率为 1kHz 的信号，而不选择 100kHz 或更高的频率信号？

⑤ 写出预习报告，准备好实验数据记录表格。

六、实训内容

1. 测量静态工作点

按图 2-4-1 搭接电路，反馈电阻 R_f 调为 2kΩ 接入电路。打开电源开关，使 $U_i = 0$（静态工作点的测量条件，输入接地，以后不再说明）。调节两个电位器，使 VT_1 的集电极电流 $I_{C1} = 1.0mA$，VT_2 的集电极电流 $I_{C2} = 1.0mA$，用万用表分别测量第一级、第二级的静态工作点，记入表 2-4-1 中。

表 2-4-1　静态工作点的测量

项目	U_B/V	U_E/V	U_C/V	I_C/mA
第一级				
第二级				

2. 测试基本放大器的各项性能指标

（1）测量中频电压放大倍数 A_u、输入电阻 R_i 和输出电阻 R_o。

① 以 $f = 1kHz$、U_s 峰峰值约为 200mV 的正弦信号输入放大器，用示波器监视输出波形 U_o，调节不失真最大 U_o 情况下，用毫伏表测量 U_s、U_i、U_L，记入表 2-4-2。

② 保持 U_s 不变，断开负载电阻 R_L，测量空载时的输出电压 U_o，记入表 2-4-2。

表 2-4-2　A_{uf}、R_{if}、R_{of} 指标测量

项　目	U_s/mV	U_i/mV	U_L/V	U_o/V	A_u	$R_i/kΩ$	$R_o/kΩ$
基本放大器							
负反馈放大器							

（2）测量通频带

接上 R_L，保持上步中的最大 U_s 不变，然后增加和减小输入信号的频率，找出上、下限频率 f_H 和 f_L，记入表 2-4-3。

表 2-4-3　f_H、f_L 指标测量

项　目	f_L/kHz	f_H/kHz	f_{BW}/kHz
基本放大器			
负反馈放大器			

3. 测试负反馈放大器的各项性能指标

将实训电路恢复为图 2-4-1 的负反馈放大电路。适当加大 U_s，在输出波形不失真的条件下，测量负反馈放大器的 A_{uf}、R_{if} 和 R_{of}，记入表 2-4-2，测量 f_H 和 f_L，记入表 2-4-3 中。

* 4. 观察负反馈对非线性失真的改善

① 将反馈电阻 R_f 从电路中断开，输入 $f=1\text{kHz}$、U_s 峰峰值约为 200mV 的正弦信号，输出端接示波器。逐渐增大输入信号的幅度，使输出波形出现失真，记下此时的波形和输出电压的幅度。

② 将反馈电阻 R_f 接入电路，观察输出波形的变化。若有失真，调节 R_f 电位器看有何变化。

七、作业

① 整理实验数据，并根据公式计算 A_u、R_i、R_o、A_{uf}、R_{if} 和 R_{of}，将结果填入相应的表格中。

② 将基本放大器和负反馈放大器动态参数的实测值和理论估算值列表进行比较。

③ 根据实训结果，总结电压串联负反馈对放大器性能的影响。

项目五 集成运算放大器的基本应用

——模拟运算电路

一、目的

① 会用集成运算放大器组成的比例、加法、减法和积分等基本运算电路。

② 了解运算放大器在实际应用时应考虑的一些问题。

③ 熟悉集成运放的双电源和单电源供电方法。

二、预备知识

集成运算放大器是一种具有高开环放大倍数、深度负反馈的直接耦合多级放大器，是模拟电子技术领域应用最广泛的集成器件。按照输入方式可分为同相、反相、差动三种接法，按照运算关系可分为比例、加法、减法、积分、微分等。利用输入方式和运算关系的组合，可接成各种运算放大器电路。

1. 反相比例运算电路

反相比例运算放大器电路是集成运算放大器的一种最基本的接法。电路如图 2-5-1 所示。对于理想运算放大器，该电路的输出电压与输入电压之间的关系为：

$$U_o = -\frac{R_F}{R_1}U_i \qquad (2\text{-}5\text{-}1)$$

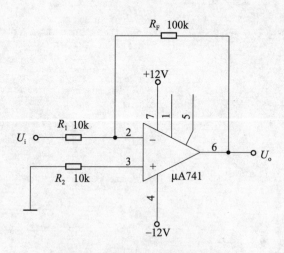

图 2-5-1　反相比例运算电路

为减小输入级偏置电流引起的运算误差，在同相输入端应接入平衡电阻 $R_2 = R_1 /\!/ R_F$。

2. 反相加法电路

如果在运算放大器的反相端同时加入几个信号，接成图 2-5-2 的形式，就构成了能对同时加入的几个信号电压进行代数相加运算的反相加法器电路。输出电压与输入电压之间的关系为：

$$U_{\text{o}} = -\left(\frac{R_{\text{F}}}{R_1}U_{\text{i1}} + \frac{R_{\text{F}}}{R_2}U_{\text{i2}}\right) \qquad R_3 = R_1 /\!/ R_2 /\!/ R_{\text{F}} \tag{2-5-2}$$

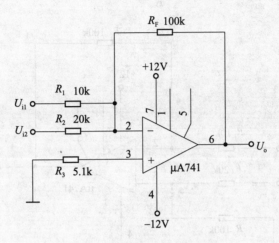

图 2-5-2 反相加法运算电路

3. 同相比例运算电路

图 2-5-3(a) 是同相比例运算电路，它的输出电压与输入电压之间的关系为：

$$U_{\text{o}} = \left(1 + \frac{R_{\text{F}}}{R_1}\right)U_{\text{i}} \qquad R_2 = R_1 /\!/ R_{\text{F}} \tag{2-5-3}$$

当 $R_1 \to \infty$ 时，$U_{\text{o}} = U_{\text{i}}$，即得到如图 2-5-3(b) 所示的电压跟随器。图中 $R_2 = R_{\text{F}}$，用以减小漂移和起保护作用。一般 R_{F} 取 $10\text{k}\Omega$，R_{F} 太小起不到保护作用，太大则影响跟随性。

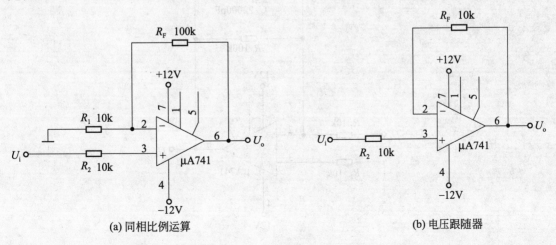

(a) 同相比例运算   (b) 电压跟随器

图 2-5-3 同相比例运算电路

4. 减法器（差动放大电路）

对于图 2-5-4 所示的减法运算电路，当 $R_1=R_2$，$R_3=R_F$ 时，有如下关系式：

$$U_o=\frac{R_F}{R_1}(U_{i2}-U_{i1}) \tag{2-5-4}$$

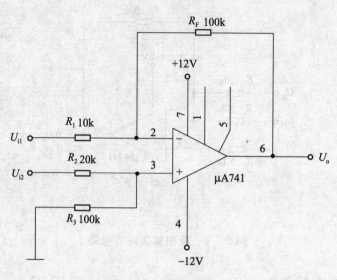

图 2-5-4　减法运算电路

5. 积分运算电路

反相积分电路如图 2-5-5 所示。在理想化条件下，输出电压 U_o 等于

$$U_o(t)=-\frac{1}{RC}\int_0^t U_i\,dt+U_C(0) \tag{2-5-5}$$

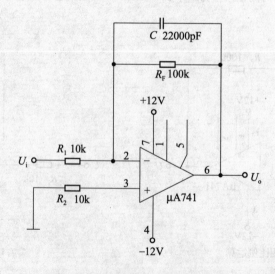

图 2-5-5　积分运算电路

式中 $U_c(0)$ 是 $t=0$ 时刻电容 C 两端的电压值，即初始值。

改变 R 或 C 的值，积分波形也不同。一般可将方波变换为三角波，而正弦波则移相。

积分器的反馈元件是电容器。无信号输入时，电路处于开环状态，运算放大器微小的失调参数就会使得运算放大器的输出逐渐偏向正（或负）饱和状态，使得电路无法正常工作。为了减小这种积分漂移现象，实际使用时应尽量选择失调参数小的运算放大器，并在积分电容两端并联一只高阻值电阻 R_F 以稳定直流工作点，构成电压反馈，限制整个积分器电路放大倍数。但 R_F 不能太小，否则将影响电路积分线性关系。

6. 微分运算电路

微分电路的输出电压正比于输入电压对时间的微分，一般表达式为：

$$U_o = -RC\frac{du_i}{dt} \tag{2-5-6}$$

微分运算电路如图 2-5-6 所示。利用微分电路可实现对波形的变换，矩形波变换为尖脉冲，正弦波移相，三角波变换为方波。

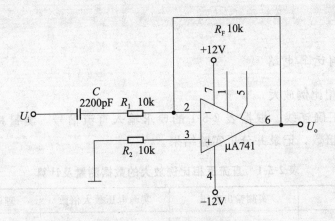

图 2-5-6　微分运算电路

本实训采用的集成运算放大器型号为 μA741，为 8 个脚的双排直插式集成块。其②脚和③脚为反相和同相输入端，⑥脚为输出端，⑦脚和④脚分别为正、负电源端，①脚和⑤脚为失调调零端，⑧脚为空脚。

任何一个集成运算放大器都有两个输入端、一个输出端，通常由正、负双电源供电。

三、设备

① 数字示波器。

② 数字式万用表。

③ XK-TAD8A 型实训装置。

四、注意事项

① μA741 是双电源工作，不要接错电源的极性。

② 电路接好后才能打开电源开关。

③ 切忌将输出端短路，否则将会损坏集成块。

④ 输入信号时先按实验所给值调好信号源，再加入运算放大器输入端。

⑤ 输入信号的幅值要在运算放大器允许的范围之内，不能输入大于其限定的信号。

⑥ 另外，做实验前先对运算放大器调零。若失调电压对输出影响不大，可以不用调零。

五、预习与思考

① 阅读运算放大器在信号运算方面的应用等章节内容，了解实训内容的理论基础知识。

② 阅读本实训内容和步骤，熟悉实训要求和测试方法。

③ 对本实验中所涉及到的运算电路提前进行相关特性与参数的分析与计算。

④ 熟悉芯片 μA741 的引脚定义。

六、实训内容

1. 反相比例运算电路

（1）直流反相比例放大

按图 2-5-1 正确连线。根据表 2-5-1 的要求输入直流信号，测量相应的输出电压，并计算电压放大倍数，记录并分析实验结果。

表 2-5-1　直流反相比例放大的数据测量及计算

输入电压	实测输出电压	实测电压放大倍数	理论电压放大倍数
0.5V			
−1.0V			
4V			

（2）交流反相放大

保持上述电路不变，根据表 2-5-2 的要求，输入换成 $f = 200\text{Hz}$ 的正弦交流信号，接入示波器，双踪显示，观测 u_i 和 u_o 的波形，记入表 2-5-2。

表 2-5-2　交流反相放大的数据测量及计算

输入电压	实测输出电压	实测电压放大倍数	理论电压放大倍数
0.5V(峰峰值)			
4V			

2. 同相比例运算电路

按图 2-5-3(a) 连接电路。输入 $f=100\text{Hz}$、$U_i=0.5\text{V}$（峰峰值）的正弦交流信号，用示波器观察 U_o 和 U_i 的相位关系，记入表 2-5-3。

表 2-5-3　$U_i=0.5\text{V}$，$f=100\text{Hz}$

U_i/V	U_o/V	U_i 波形	U_o 波形	A_u	
				实测值	计算值

3. 反相加法运算电路

① 按图 2-5-2 正确连接电路。

② 任取两组输入电压值 U_{i1}、U_{i2}（小于 0.5V），测量对应的输出电压 U_o，记入表 2-5-4 中。

表 2-5-4　反相加法运算电路的电压值测量

U_{i1}/V				
U_{i2}/V				
U_o/V				

4. 减法运算电路

① 按图 2-5-4 正确连接电路。

② 先把运算放大器调零，然后输入不同直流信号。用万用表测量输入电压 U_{i1}、U_{i2} 及输出电压 U_o，记入表 2-5-5。

表 2-5-5　减法运算电路的电压值测量

U_{i1}/V				
U_{i2}/V				
U_o/V				

5. 积分运算电路

① 按积分电路，如图 2-5-5 所示，正确连接，然后把运算放大器调零。

② 在 u_i 端分别输入峰峰值为 1V、频率为 500Hz 的正弦、方波、三角波信号，将积分电路的输入信号 u_i 和输出信号 u_o 接入示波器，双踪显示，观测 u_i 和 u_o 的波形，记于表 2-5-6（注意两路信号在时间上的对应关系）。

表 2-5-6　积分电路电压值测量

项目	u_i 为正弦信号	u_i 为方波信号	u_i 为三角波信号
u_i 和 u_o 双踪显示 的波形	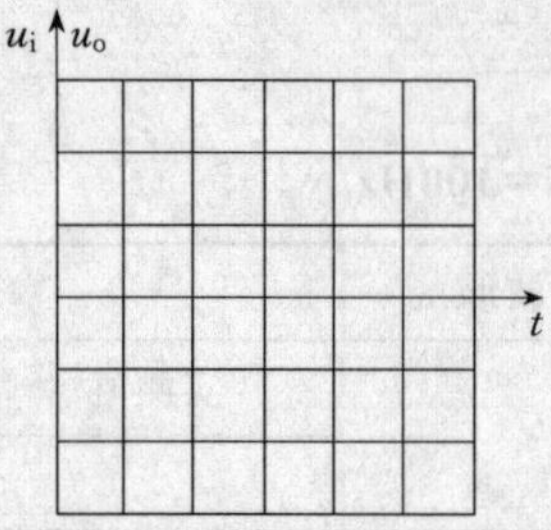	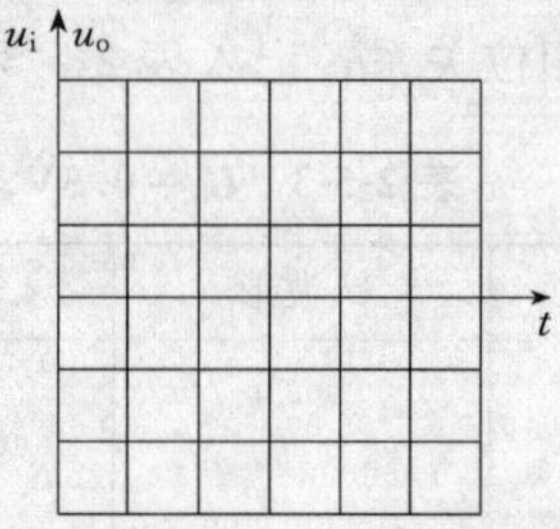	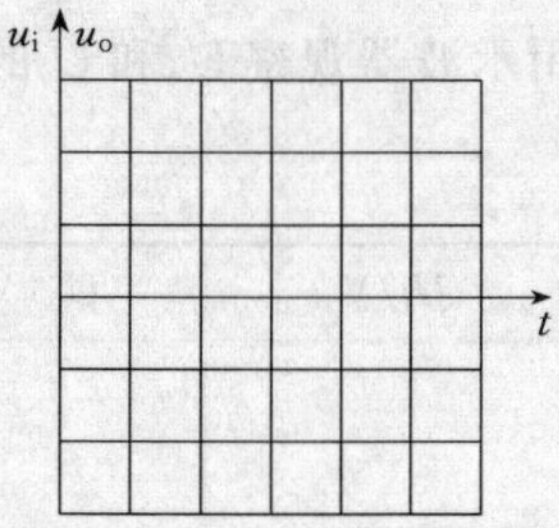

6. 微分运算电路

① 按微分电路，如图 2-5-6 所示，正确连接，然后把运算放大器调零。

② 在 u_i 端分别输入峰峰值为 1V、频率为 500Hz 的正弦、方波、三角波信号，将微分电路的输入信号 u_i 和输出信号 u_o 接入示波器，双踪显示，观测 u_i 和 u_o 的波形，记录于表 2-5-7（注意两路信号在时间上的对应关系）。

表 2-5-7　微分电路电压值测量

项目	u_i 为正弦信号	u_i 为方波信号	u_i 为三角波信号
u_i 和 u_o 双踪显示 的波形	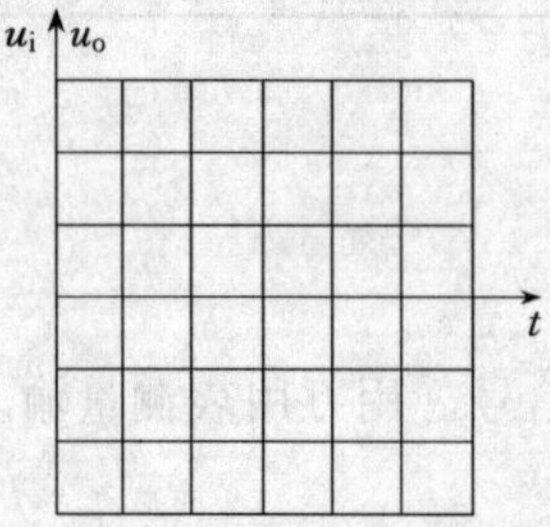	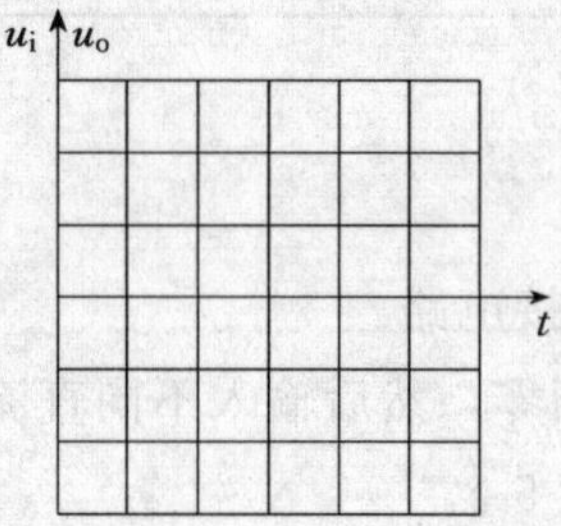	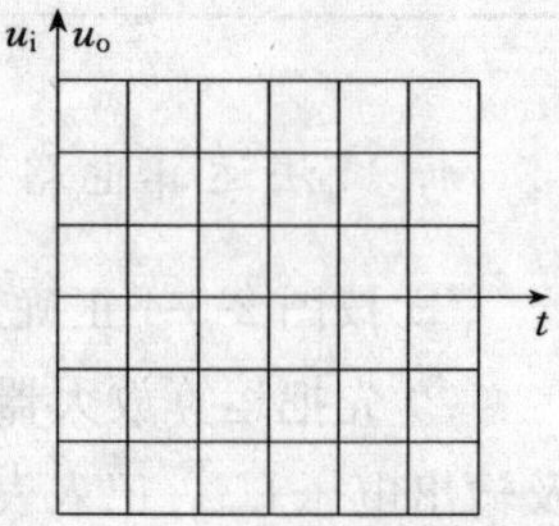

七、作业

① 整理实训数据，画出波形图（注意波形间的相位关系）。

② 将理论计算结果和实测数据相比较，分析产生误差的原因。

③ 分析讨论实训中出现的现象和问题。

项目六　OTL 功率放大器

一、目的

① 进一步理解 OTL 功率放大器的工作原理。

② 学会 OTL 电路静态工作点的调整方法。

③ 学会 OTL 电路调试及主要性能指标的测试方法。

二、预备知识

图 2-6-1 所示为 OTL 低频功率放大器。其中，由晶体三极管 VT_1 组成推动级（也称前置放大级），VT_2、VT_3 是一对参数对称的 NPN 和 PNP 型晶体三极管，它们组成互补推挽 OTL 功放电路。由于每一个管子都接成射极输出器形式，因此具有输出电阻低、负载能力强等优点，适合于作功率输出级。VT_1 管工作于甲类状态，它的集电极电流 I_{C1} 由电位器进行调节，同时给 VT_2、VT_3 提供偏压。调节 RP，可以使 VT_2、VT_3 得到合适的静态电流而工作于甲、乙类状态，以克服交越失真。静态时要求输出端中点（A 点）的电位 $U_A = \frac{1}{2} U_{CC}$，可以通过调节 RP 来实现，又由于 RP 的一端接在 A 点，因此在电路中引入交、直流电压并联负反馈，一方面能够稳定放大器的静态工作点，同时也改善了非线性失真。

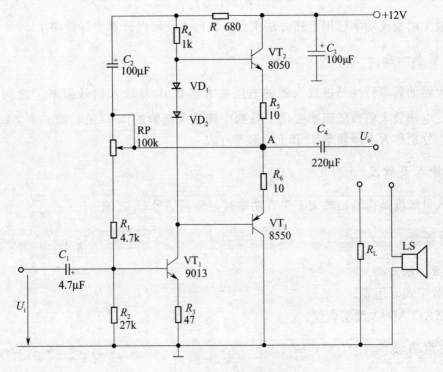

图 2-6-1　OTL 功率放大器实训电路

当输入正弦交流信号 U_i 时，经 VT_1 放大、倒相后同时作用于 VT_2、VT_3 的基极，U_i 的负半周使 VT_2 管导通（VT_3 管截止），有电流通过负载 R_L（用喇叭作为负载 R_L），同时向电容 C_4 充电。在 U_i 的正半周，VT_3 导通（VT_2 截止），则已充好电的电容器 C_4 起着电源的作用，通过负载 R_L 放电，这样在 R_L 上就得到完整的正弦波。

C_2 和 R 构成自举电路，用于提高输出电压正半周的幅度，以得到大的动态范围。

OTL 电路的主要性能指标如下。

1. 最大不失真输出功率 P_{om}

理想情况下 $P_{om} = \dfrac{1}{8} \times \dfrac{U_{CC}^2}{R_L}$，在实训中可通过测量 R_L 两端的电压有效值，来求得实际的输出功率：

$$P_{om} = \frac{U_o^2}{R_L} \tag{2-6-1}$$

2. 效率 η

$$\eta = \frac{P_{om}}{P_E} \times 100\% \tag{2-6-2}$$

式中，P_E 为直流电源供给的平均功率。

理想情况下 $\eta_{max} = 78.5\%$。在实训中，可测量电源供给的平均电流 I_{dc}（多测几次 I，取其平均值），从而求得表达式：

$$P_E = U_{CC} I_{dc} \tag{2-6-3}$$

负载上的交流功率已用上述方法求出，因而也就可以计算实际效率了。

3. 频率响应

放大器的频率特性是指放大器的电压放大倍数 A_u 与输入信号频率 f 之间的关系。通常规定电压放大倍数随频率变化下降到中频放大倍数的 $1/\sqrt{2}$ 倍，即 $0.707 A_{um}$ 所对应的频率，分别称为下限频率 f_L 和上限频率 f_H。

4. 输入灵敏度

输入灵敏度是指输出最大不失真功率时，输入信号 U_i 之值。

三、设备

① 数字示波器。
② 数字式万用表。
③ XK-TAD8A 型实训仪。

四、注意事项

电路装接好之后才可通电。不能带电改装电路。

五、预习与思考

① 复习有关 OTL 工作原理部分内容。

② 为什么引入自举电路能够扩大输出电压的动态范围？

③ 交越失真产生的原因是什么？怎样克服交越失真？

④ 为了不损坏输出管，调试中应注意什么问题？

⑤ 如电路有自激现象，应如何消除？

六、实训内容

1. 静态工作点的测试

按图 2-6-1 连接电路。

（1）调节输出端中点电位 U_A

连接完电路后，使 U_i 接地。打开电源开关，调节电位器 RP，用万用表测量 A 点电位，使 $U_A = \frac{1}{2}U_{CC}$。

（2）调整输出级静态电流及测试各级静态工作点

从减小交越失真角度而言，应适当加大输出级静态电流，但该电流过大，会使效率降低，所以一般以 8mA 左右为宜。由于毫安表是串在电源进线中，因此测得的是整个放大器的电流。但一般 VT_1 的集电极电流 I_{C1} 较小，从而可以把测得的总电流近似当作末级的静态电流。如要准确得到末级静态电流，则可从总电流中减去 I_{C1} 之值。

调整输出级静态电流的另一方法是动态调试法。在输入端接入 $f = 1kHz$ 的正弦信号 U_i，逐渐加大输入信号的幅值，此时，输出波形应出现较严重的交越失真（**注意：没有饱和失真和截止失真**），此时直流毫安表读数即为输出级静态电流，一般数值也应在 5～10mA 左右，如过大，则要检查电路。

输出级电流调好以后，测量各级静态工作点，记入表 2-6-1。

表 2-6-1 $I_{C2} = I_{C3} = $ ____ mA $U_A = $ ____ V

项目	VT_1	VT_2	VT_3
U_B/V			
U_C/V			
U_E/V			

2. 最大输出功率 P_{om} 和效率 η 的测试

（1）测量 P_{om}

输入端接 $f = 1kHz$、50mV 的正弦信号 U_i，输出端接上负载 R_L，用示波器观察输出电压 U_o 波形。逐渐增大 U_i，使输出电压达到最大不失真输出。用交流毫伏表测出负

载 R_L 上的电压 U_{om}，或读出示波器上 U_o 的峰峰值 U_{opp}，则

$$P_{om} = \frac{U_{om}^2}{R_L}$$

测试结果：$U_{opp} = \underline{\quad}$ V，$P_{om} = \frac{U_{om}^2}{R_L} = \underline{\quad}$ W

（2）测量 η

当输出电压为最大不失真输出时，读出直流毫安表中的电流值，此电流即为直流电源供给的平均电流 I_{dc}（有一定误差），由此可近似求得 $P_E = U_{CC} I_{dc}$，再根据上面测得的 P_{om}，即可求出 $\eta = \dfrac{P_{om}}{P_E}$。

测试结果：$I_{dc} = \underline{\quad}$ mA

$\qquad P_E = U_{CC} I_{dc} = \underline{\quad}$ W

$\qquad \eta = \dfrac{P_{om}}{P_E} \times 100\% = \underline{\quad}$ %

3. 输入灵敏度测试

根据输入灵敏度的定义，在步骤 2 基础上，只要测出输出功率 $P_o = P_{om}$ 时（最大不失真输出情况）的输入电压值 U_i 即可。

4. 频率响应的测试

输入频率为 1kHz、峰峰值为 50mV 的正弦波信号 U_s，在输出电压 U_o 不失真的情况下，保持 U_i 幅度不变，改变 U_i 的频率 f，逐点测出相应输出电压 U_o 的幅度，记入表 2-6-2。为使用频率 f 取值合适，可先粗测一下，找出中频范围，然后再仔细读数。

在测试时，为保证电路的安全，应在较低电压下进行，通常取输入信号为输入灵敏度的 50%。在测试过程中，应保持 U_i 为恒定值，且输出波形不得失真。

表 2-6-2 $U_i = \underline{\quad}$ mV

项 目	$f_L =$				$f_o =$			$f_H =$		
f/Hz					1000					
U_o/V										
A_u										

5. 研究自举电路的作用

① 测量有自举电路，且 $P_o = P_{omax}$ 时的电压增益 $A_u = \dfrac{U_{om}}{U_i}$。

② 将 C_2 开路（无自举），再测量 $P_o = P_{omax}$ 的 A_u。

用示波器观察①、②两种情况下的输出电压波形，并将以上两项测量结果进行比

较，分析研究自举电路的作用。

6．试听

输入信号改为录音机输出，输出端接试听音箱及示波器。开机试听，并观察语言和音乐信号的输出波形。

七、作业

① 整理实训数据，计算静态工作点、最大不失真输出功率 P_{om}、效率 η 等；并与理论值进行比较。画频率响应曲线。

② 自举电路的作用是什么？

③ 讨论实训中发生的问题及解决办法。

项目七　集成功率放大器

一、目的

① 了解功率放大集成块的应用。

② 学习集成功率放大器基本技术指标的测试。

二、预备知识

TDA2002 是音频功率放大集成电路，能在 8Ω 负载上输出 3W 左右的不失真功率，内部设置多种保护电路，对电流浪涌、过压和负载短路等异常情况有较强的适应性，工作电压 $8\sim18$V，静态电流 4mA。只有五个引出端，应用非常方便。同类直接换型号有 TDA2003、μPC2002、D2002、LM2002、TDA2008 等。

三、设备

① 数字示波器。

② 数字式万用表。

③ XK-TAD8A 型实训仪。

四、注意事项

① 搭接电路时，按一定的顺序插线，尽可能少走线，走短线。

② 插线和拆线要慢插慢拆，做完每个小实验要关掉电源，把连接线整理好，为下个实验做好准备。

③ 各仪器与放大器连接时一定要注意各接地端子必须连在一起（公共接地）。

五、预习与思考

① 复习 TDA2002 的内部电路构成及原理。

② 根据本次实训选用电路，预先估算该功放电路的 P_{om}、P_V、η。

六、实训内容

实训电路如图 2-7-1 所示。由图可知，TDA2002 集成功放芯片是接成 OTL 功放电路进行性能测试的，具体步骤如下。

① 按图 2-7-1 组成电路，接上电源、负载（8Ω、3W 功率电阻），使 $U_i=0$，测量功率放大器输出端 4 脚静态电位是否为电源一半。

② 从同相端输入端送 400Hz 正弦信号，用示波器观察输出波形，输入信号的大小以输出不失真为度，测量 U_o 及 U_i 的大小，计算电压放大倍数并与估算值相比较。

③ 在 u_o 最大不失真的条件下，测量电源提供的功率 $P_E=U_{CC}I_{CC}$（I_{CC} 为电源提供的

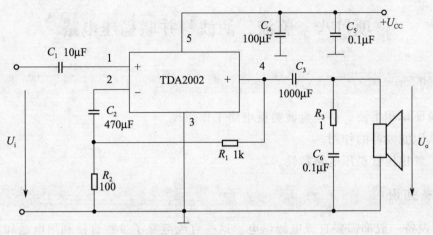

图 2-7-1　TDA2002 实训电路

电流）。

　　*④ 把 8Ω 负载电阻换为 8Ω 喇叭，接上录音机，组成音响电路。播放一段音乐，实地体验制造的功率放大器的效果。

七、作业

　　① 整理实训数据并进行分析。

　　② 讨论实训中发生的问题及解决办法。

　　③ 在芯片允许的功率范围内，加大输出可采取哪些措施？

项目八　整流、滤波与并联稳压电路

一、目的

① 验证单相半波、桥式全波整流电路工作原理。

② 认识滤波器的作用。

③ 了解稳压管稳压电路特性。

二、预备知识

电子设备一般都需要直流电源供电。这些直流电除了少数直接利用电池和直流发电机外，大多数是采用把交流电（市电）转变为直流电的直流电源供给。简单的稳压电路组成如图 2-8-1 所示。

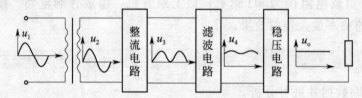

图 2-8-1　稳压电路组成框图及各部分的波形

1. 电源变压器

将交流电网电压 u_1 变为合适的交流电压 u_2。

2. 整流电路

将交流电压 u_2 变为脉动的直流电压 u_3。

整流分半波整流和全波整流。半波整流是以"牺牲"一半交流为代价而换取整流效果的，整流得出的半波电压为整个周期内的平均值，即负载上的直流电压是变压器副边电压有效值 U_2 的 0.45 倍，因此常用在高电压、小电流的场合，而在一般无线电装置中很少采用。全波整流，是对交流电的正、负半周电流都加以利用，输出的脉动电流是将交流电的负半周也变成正半周，即将 50Hz 的交流电流变成 100Hz 的脉动电流。当负载为纯电阻时，在理想情况下全波整流输出的直流电压是变压器副边电压有效值 U_2 的 0.9 倍。

3. 滤波电路

将脉动直流电压 u_3 转变为平滑的直流电压 u_4。

当加入滤波电容器后，由于电容的储能作用，不仅使整流输出的脉动电压趋于平滑，而且还提高了输出直流电压的平均值，其值视滤波电容和负载电阻的大小而定。输

出直流电压 U_o 的范围为 $U_o = (0.9 \sim 1.4)U_2$。在工程技术中，一般取 $U_o = 1.2U_2$。

4. 稳压电路

清除电网波动及负载变化的影响，保持输出电压 u_o 的稳定。

硅稳压管稳压电路是最简单的直流稳压电路，由一个限流电阻 R 和稳压管 ZD 组成，如图 2-8-5 所示。稳压管 ZD 和负载 R_L 并联，故称并联型稳压电路。

由于稳压管反向特性陡直，较大的电流变化只会引起较小的电压变化。当电网电压降低或负载电阻 R_L 变小而引起输出电压 U_o 减小时，稳压管两端的电压 U_Z 下降，电流 I_Z 将迅速减小，流过 R 的电流 I_R 也减小，导致 R 上的压降 U_R 下降，因 $U_o = U_i - U_R$，从而使输出电压 U_o 增加以至最后稳定。

稳压二极管与普通二极管不同，它工作于 PN 结的反向击穿区，只要其功耗不超过最大额定值，就不致损坏。稳压二极管击穿后，其两端的电压基本保持不变。

稳压管 ZD 的选择

稳压管的稳压值 U_Z 就是硅稳压电路的输出电压值 U_o。选择稳压管的最大稳定电流时要留有余地，一般取稳压管的最大稳定电流是输出电流的 $2 \sim 3$ 倍。另外，整流滤波后的直流电压应为输出电压的 $2 \sim 3$ 倍。

三、设备

① 数字示波器。

② 数字式万用表。

③ XK-TAD8A 型实训仪。

四、注意事项

① 每次改接电路时，必须切断变压器电源。

② 本电路是把交流电变直流电的，用万用表测量时，应注意哪些数据用交流挡，哪些用直流挡。

③ 观察完整流波形，再看滤波波形时，示波器应保持原设置不动。

五、预习与思考

① 复习直流稳压电源的一般构成及其各部分电路工作原理。

② 预习本次实验内容，了解各个实验操作步骤。

六、实训内容

1. 整流电路的测试

半波整流、桥式整流电路分别如图 2-8-2 和图 2-8-3 所示。U_2 为实训台上工频低压交流电源的 "10V" 引出端和 "0" 电位端间的电压。分别接两种电路，用示波器观察

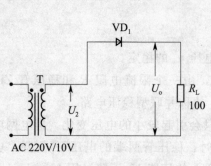

图 2-8-2　半波整流电路

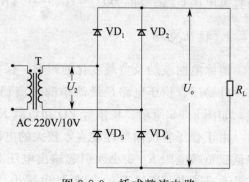

图 2-8-3　桥式整流电路

U_o 的波形，并测量 U_o，填入表 2-8-1 中。

表 2-8-1　整流电路的测试

电　路	测　量　条　件		测　量　结　果		
	C	R_L	U_2/V	U_o/V	U_o 波形图
半波整流	—	100Ω			
桥式整流	—	100Ω			
		2kΩ			
桥式整流＋电容滤波	100μF	2kΩ			
		100Ω			
	470μF	2kΩ			
		100Ω			

2. 电容滤波电路的测试

实训电路如图 2-8-4 所示。

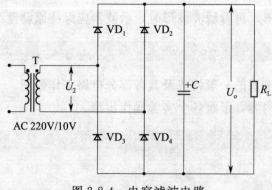

图 2-8-4　电容滤波电路

分别用不同电容、不同负载接入电路，用示波器观察输出波形。用电压表测 U_o，并记录入表 2-8-1 中。

3.并联稳压电路

实训电路如图 2-8-5 所示。

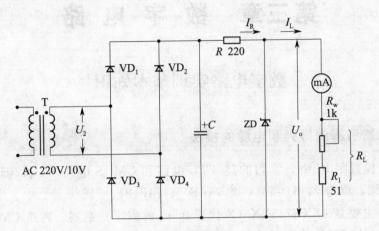

图 2-8-5 并联稳压电路

电源输入电压不变,测试负载变化时电路的稳压性能。

改变负载电阻 R_L,使负载电流 I_L 从 1mA、5mA、10mA、20mA 变化,观察输出直流电压是否变化,多大电流时变化,分别测量 U_o、U_R、I_L、I_R,记入表 2-8-2。

表 2-8-2 稳压效果测试

I_L/mA	U_o/V	U_R/V	I_L/mA	I_R/mA
1				
5				
10				
20				

七、作业

① 整理实训数据并按实训内容计算。

② 在桥式整流电路中,如果某个二极管发生开路、短路或反接的情况,将会出现什么问题?

③ 图 2-8-5 所示电路输出电压稳定时,能输出电流最大为多少?为获得更大电流,应如何选用电路元器件及参数?

第三章　数　字　电　路

数字电路实训基本知识

一、集成电路引脚的排列和电源的接法

中、小规模数字 IC 中最常用的是 TTL 电路和 CMOS 电路。TTL 器件型号以 74（或 54）作前缀，称为 74/54 系列，如 74LS00、74F181、54S86 等。中、小规模 CMOS 数字集成电路主要是 4XXX/45XX（X 代表 0～9 的数字）系列、高速 CMOS 电路 HC（74HC 系列）、与 TTL 兼容的高速 CMOS 电路 HCT（74HCT 系列）。TTL 电路与 CMOS 电路各有优缺点，TTL 速度高，CMOS 电路功耗小、电源范围大、抗扰能力强。TTL 电路在世界范围内应用极广，在数字电路实训中，主要使用 TTL74 系列电路作为实训用器件，采用单一＋5V 作为供电电源。

数字 IC 器件有多种封装形式。为了教学实训方便，实训中所用的 74 系列器件封装选用双列直插式。图 3-0-1 是双列直插封装的正面示意图。

图 3-0-1　双列直插式封装图

双列直插封装有以下特点。

① 从正面（上面）看，器件一端有一个半圆的缺口，这是正方向的标志。缺口左边的引脚为 1，引脚号按逆时针方向增加。图 3-0-1 中的数字表示引脚号。双列直插封装 IC 引脚数有 14、16、20、24、28 等若干种。

② 双列直插器件有两列引脚，引脚之间的间距是 2.54mm。两列引脚之间的距离有宽（15.24mm）、窄（7.62mm）两种。两列引脚之间的距离能够少做改变，引脚间距不能改变。将器件插入实训台上的插座中去或者从插座中拔出时要小心，不要将器件引脚搞弯或折断。

③ 74 系列器件一般左下角的最后一个引脚是 GND，右上角的引脚是 V_{cc}。例如，

14 引脚器件的引脚 7 是 GND，引脚 14 是 V_{CC}；20 引脚器件的引脚 10 是 GND，引脚 20 是 V_{CC}。但也有一些例外，例如 16 引脚的双 JK 触发器 74LS76，引脚 13（不是引脚 8）是 GND，引脚 5（不是引脚 16）是 V_{CC}。所以使用集成电路器件时，要看清它的引脚图，找对电源和地，避免因接线错误造成器件损坏。

数字电路综合实训中，使用的复杂可编程逻辑器件 MACH4-64/32（或者 ISP1016）是 44 引脚的 PLCC（Plastic Leaded Chip Carrier）封装，图 3-0-2 是封装正面图。器件上的小圆圈指示引脚 1，引脚号按逆时针方向增加，引脚 2 在引脚 1 的左边，引脚 44 在引脚 1 的右边。MACH-64/32 电源引脚号、地引脚号与 ISP1016 不同，千万不要插错 PLCC 插座。插 PLCC 器件时，器件的左上角（缺角）要对准插座的左上角。拔 PLCC 器件，应使用专门的起拔器。

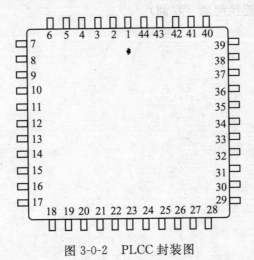

图 3-0-2　PLCC 封装图

XK 实训台上的接线采用自锁紧插头、插孔（插座）。使用自锁紧插头、插孔接线时，首先把插头插进插孔中，然后将插头按顺时针方向轻轻一拧则锁紧。拔出插头时，首先按逆时针方向轻轻拧一下插头，使插头和插孔之间松开，然后将插头从插孔中拔出。不要使劲拔插头，以免损坏插头和连线。

必须注意，不能带电插、拔器件。插、拔器件只能在关断＋5V 电源的情况下进行。

二、数字电路实训布线原则

在实训中，由错误布线引起的故障常占很大比例。布线错误不仅会引起电路故障，严重时甚至会损坏器件，因此，注意布线的合理性和科学性是十分必要的。

正确的布线原则大致有以下几点。

① 接插集成电路时，先校准两排引脚，使之与实训台上的插孔对应，然后在确定引脚与插孔完全吻合后再将其锁紧，以免集成电路的引脚弯曲、折断或者接触不良。

② 不允许将集成电路方向插反。一般 IC 的方向是缺口（或标记）朝左，引脚序号从左下方的第一个引脚开始，按逆时钟方向依次递增至左上方的第一个引脚。

③ 导线最好采用各种色线以区别不同用途，如电源线用红色，地用黑色。

④ 布线应有秩序地进行，随意乱接容易造成漏接错接。较好的方法是接好固定电平点，如电源线、地线、门电路闲置输入端、触发器异步置位复位端等，其次，按信号源的顺序从输入到输出依次布线。

⑤ 连线应避免过长，避免从集成元件上方跨接，避免过多的重叠交错，以利于布线、更换元器件以及故障检查和排除。

⑥ 当实训电路的规模较大时，应注意集成元器件的合理布局，以便得到最佳布线。布线时，顺便对单个集成元件进行功能测试。这是一种良好的习惯，实际上这样做不会增加布线的工作量。

⑦ 应当指出，布线和调试工作是不能截然分开的，往往需要交替进行。对大型实训元器件很多的，可将总电路按其功能划分为若干相对独立的部分，逐个布线、调试（分调），然后将各部分连接起来（联调）。

项目九 TTL 逻辑门电路和组合逻辑电路

一、目的

① 认识集成电路的外引线排列及其使用方法。
② 会测试 TTL "与非" 门的逻辑功能。
③ 学会用 "与非" 门构成其他常用门电路。
④ 会设计简单组合逻辑电路并用实训来验证。

二、预备知识

集成逻辑门电路是最简单、最基本的数字集成元件。任何复杂的组合电路和时序电路都可用逻辑门通过适当的组合连接而成。目前已有门类齐全的集成门电路，例如 "与门"、"或门"、"非门"、"与非门" 等。虽然，中、大规模集成电路相继问世，但组成某一系统时，仍少不了各种门电路。

图 3-9-1 为 2 输入 "与门"、2 输入 "或门"、2 输入和 4 输入 "与非门"、2 输入 "异或门" 的逻辑符号图。与它们对应的芯片有 74LS08、74LS32、74LS00、74LS20 和 74LS86。

本实训所用到的集成电路 74LS00 和 74LS20，其引脚功能图见附录三。

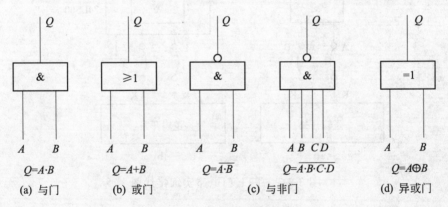

$$Q=A \cdot B \qquad Q=A+B \qquad Q=\overline{A \cdot B} \qquad Q=\overline{A \cdot B \cdot C \cdot D} \qquad Q=A \oplus B$$

(a) 与门　　(b) 或门　　(c) 与非门　　(d) 异或门

图 3-9-1 TTL 基本逻辑门电路

1. 用 74LS00 测试 "与非" 门的逻辑功能 $Q_1 = \overline{AB}$

图 3-9-2 和图 3-9-3 列出了 74LS00 集成门电路引脚的排列及实训接线图。

2. 用 "与非" 门（74LS00）构成其他常用门电路

任何逻辑关系都可以化成与非的关系，所以通过化简的方式，可以用与非门来构成其他门电路。如：

（1）$Q_2 = \overline{A}$ （2）$Q_3 = AB$ （3）$Q_4 = A + B = \overline{\overline{A}\ \overline{B}}$

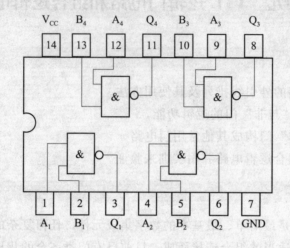

图 3-9-2   74LS00 四 2 输入与非门集成电路引脚排列

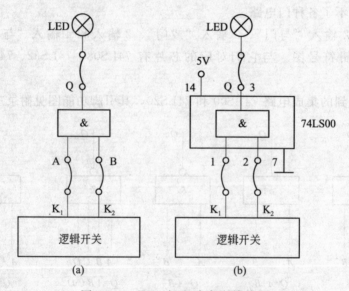

图 3-9-3   TTL 门电路实训接线图

3. 用与非门完成三人多数表决电路

设计一个三人多数表决电路，即当多数人同意时，则表决通过，逻辑 1（灯亮）表示同意通过，逻辑 0（灯灭）表示不同意。

设计步骤：

① 根据任务要求，列出真值表，如表 3-9-1 所示；

② 由真值表写出逻辑表达式（与非-与非式）；

③ 根据表达式画出电路图，如图 3-9-4 所示；

④ 按电路图接线，测试电路的功能。

表 3-9-1　三人表决电路真值表

输　入			输出
A	B	C	Y
0	0	0	0
0	0	1	0
0	1	0	0
0	1	1	1
1	0	0	0
1	0	1	1
1	1	0	1
1	1	1	1

逻辑表达式：

$$Y = \overline{A}BC + A\overline{B}C + AB\overline{C}$$
$$= AB + AC + BC$$
$$= \overline{\overline{AB} \cdot \overline{BC} \cdot \overline{AC}}$$

电路图：

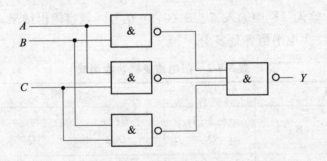

图 3-9-4　三人多数表决电路逻辑图

三、设备与器件

① XK-TAD8A 型实训仪。

② 集成电路：74LS00 二输入端四与非门和 74LS20 四输入端双与非门。

四、注意事项

① 接插集成块时，要认清定位标记，缺口朝左，不得插反。在拔插集成块时，必须切断电源。

② 电源电压使用范围为 +4.5～+5.5V 之间，实验中要求使用 $V_{CC} = +5V$。电源极性绝对不允许接错。

③ TTL 门电路的输入端若不接信号，则视为 1 电平。

④ 输出端不允许并联使用［集电极开路门（OC）和三态输出门电路（3S）除外］，

否则不仅会使电路逻辑功能混乱，并会导致器件损坏。

⑤ 输出端不允许直接接地或直接接+5V电源，否则将损坏器件。有时为了使后级电路获得较高的输出电平，允许输出端通过电阻 R 接至 V_{CC}，一般取 $R＝3～5.1k\Omega$。

五、预习与思考

① 复习门电路工作原理及相应逻辑表达式。

② 熟悉实训所用集成门电路引脚功能。

③ 实训前画出 $Q_1～Q_4$ 的逻辑电路图，并根据集成片的引脚排列分配好各引脚。

④ 用与非门实现其他逻辑功能的方法步骤是什么？

六、实训内容

1. 用 74LS00 测试"与非"门的逻辑功能 $Q_1＝\overline{AB}$

① 在实训工作台集成块插座上插好 74LS00，并分别把其输入端接工作台的逻辑开关，输出端接 LED 发光二极管，如图 3-9-3 所示。

逻辑开关往上拨时，对应的输出插孔输出高电平"1"，开关往下拨时，输出低电平"0"。LED 亮表示"1"，灭表示"0"。

② 按表 3-9-1 输入一栏中输入 A、B（0,1）信号，观察输出结果，填入表 3-9-2 中，并用万用表测量 0、1 电平值各是多少。

表 3-9-2　门电路逻辑功能测试

输　入		输　　出			
A	B	（与非门）Q_1	（非门）Q_2	（与门）Q_3	（或门）Q_4
0	0		—		
0	1				
1	0		—		
1	1				

2. 用"与非"门（74LS00）构成其他常用门电路

① $Q_2＝\overline{A}$　　　② $Q_3＝AB$　　　③ $Q_4＝A+B＝\overline{\overline{A}\,\overline{B}}$

接好电路后，按步骤①的方法，测试"非门"、"与门"、"或门"的逻辑功能，并把结果填入表 3-9-2 中。

3. 三人多数表决电路

实训前画出逻辑电路图，并根据集成片的引脚排列分配好各引脚。连接电路，验证表决结果。

七、作业

① 画出实训用门电路的逻辑符号，并写出其逻辑表达式。

② 整理实训表格。

③ 如何用"与非门"完成"与"的功能？画出门电路逻辑变换的线路图。

项目十 半加器、全加器及数据选择器

一、目的

① 掌握半加器的工作原理，熟悉集成全加器的功能和使用方法。

② 掌握中规模集成数据选择器的逻辑功能及使用方法。

③ 学会用数据选择器构成组合逻辑电路。

二、预备知识

1. 用门电路组成半加器

组合逻辑电路设计的一般步骤是：

① 根据设计要求，定义输入逻辑变量和输出逻辑变量，然后列出真值表；

② 利用卡诺图或公式法得出最简逻辑表达式，并根据设计要求所指定的门电路或选定的门电路，将最简逻辑表达式变换为与所指定门电路相应的形式；

③ 画出逻辑图；

④ 用逻辑门或组件构成实际电路，最后测试验证其逻辑功能。

根据组合电路设计方法，首先列出半加器的真值表，见表 3-10-1。

写出半加器的逻辑表达式：

$$S = \overline{A}B + A\overline{B} = A \oplus B$$
$$C = AB$$

表 3-10-1 半加器真值表

输 入		和	进位
A	B	S	C
0	0	0	0
0	1	1	0
1	0	1	0
1	1	0	1

若用"与非门"来实现，即为：

$$S = \overline{A}B + A\overline{B} = \overline{\overline{\overline{A}B} \cdot A} \cdot \overline{\overline{\overline{A}B} \cdot B}$$
$$C = AB = \overline{\overline{AB}}$$

根据上面的表达式，可得到半加器的逻辑电路图如图 3-10-1 所示。

在实训过程中，可以选异或门 74LS86 及与门 74LS08（也可用 74LS00 完成与门的

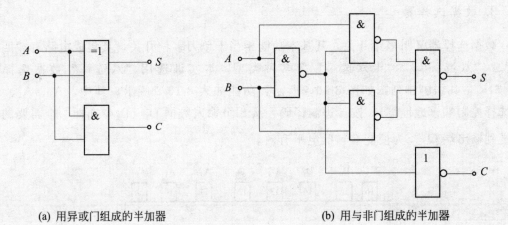

(a) 用异或门组成的半加器　　　　　　(b) 用与非门组成的半加器

图 3-10-1　半加器逻辑电路图

功能）实现半加器的逻辑功能；也可全部用与非门如 74LS00 组成半加器。

2. 全加器

这里全加器不用门电路构成，而选用集成四位二进制全加法器 74LS283。

74LS283 是四位二进制全加法器，每一位都有和（S）输出，C_4 为总进位，C_0 为初始进位。其引脚排列和逻辑电路分别见图 3-10-2 和图 3-10-3 所示。

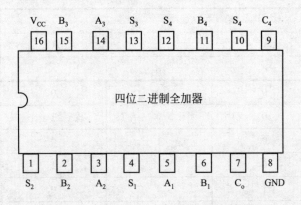

图 3-10-2　74LS283 全加器外引脚排列图

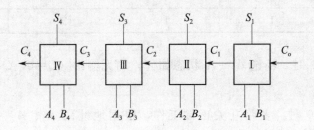

图 3-10-3　74LS283 逻辑电路图

3. 数据选择器

数据选择器又叫多路开关，其基本功能相当于单刀多位开关，其集成电路有"四选一"、"八选一"、"十六选一"等多种类型。本实训选用"八选一"数据选择器74LS151，其引脚排列图如图 3-10-4 所示，功能如表 3-10-2 所示。其中，A_2、A_1、A_0 为选择控制端（地址端），按二进制译码，从 8 个输入数据 $D_0 \sim D_7$ 中选择一个需要的数据送到输出端 Q，$\bar{S}$ 为使能端，低电平有效。

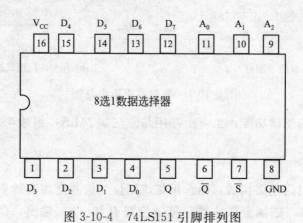

图 3-10-4　74LS151 引脚排列图

表 3-10-2　74LS151 的功能表

输　　　入				输　出
$\bar{S}$	A_2	A_1	A_0	Q
1	×	×	×	0
0	0	0	0	D_0
0	0	0	1	D_1
0	0	1	0	D_2
0	0	1	1	D_3
0	1	0	0	D_4
0	1	0	1	D_5
0	1	1	0	D_6
0	1	1	1	D_7

① 使能端 $\bar{S}=1$ 时，不论 $A_2 \sim A_0$ 状态如何，均无输出（$Q=0$，$\bar{Q}=1$），多路开关被禁止。

② 使能端 $\bar{S}=0$ 时，多路开关正常工作，根据地址码 A_2、A_1、A_0 的状态，选择 $D_0 \sim D_7$ 中某一个通道的数据输送到输出端 Q。

如：$A_2 A_1 A_0 = 000$，则选择 D_0 数据到输出端，即 $Q = D_0$。

如：$A_2A_1A_0=001$，则选择 D_1 数据到输出端，即 $Q=D_1$，其余类推。

4. 数据选择器的应用——实现逻辑函数

采用八选一数据选择器 74LS151，可实现任意 3 输入变量的组合逻辑函数。

例如：用八选一数据选择器 74LS151，实现函数 $F=A\overline{B}+\overline{A}C+B\overline{C}$。

作出函数 F 的功能表，如表 3-10-3 所示，将函数 F 功能表与八选一数据选择器的

表 3-10-3　函数 F 的功能表

输　　入			输　出
C	B	A	F
0	0	0	0
0	0	1	1
0	1	0	1
0	1	1	1
1	0	0	1
1	0	1	1
1	1	0	1
1	1	1	0

功能表相比较，可知：

① 将输入变量 C、B、A 作为八选一数据选择器的地址码 A_2、A_1、A_0；

② 使八选一数据选择器的各数据输入 $D_0 \sim D_7$ 分别与函数 F 的输出值一一相对应。

即：$A_2A_1A_0=CBA$

$D_0=D_7=0$

$D_1=D_2=D_3=D_4=D_5=D_6=1$

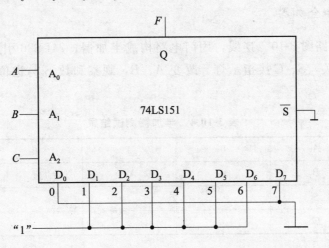

图 3-10-5　用八选一数据选择器实现

则八选一数据选择器的输出 Q 便实现了函数 $F=A\overline{B}+\overline{A}C+B\overline{C}$ 的功能。

实现八选一数据选择器接线图如图 3-10-5 所示。

显然，采用具有 n 个地址端的数据选择实现 n 变量的逻辑函数时，应将函数的输入变量加到数据选择器的地址端（A），选择器的数据输入端（D）按次序以函数 F 输出值来赋值。

注意 当函数输入变量数小于数据选择器的地址端（A）时，应将不用的地址端及不用的数据输入端（D）都接地。

三、设备与器件

① XK-TAD8A 型实训仪。

② 集成电路：74LS00，74LS86，74LS283，74LS151。

四、注意事项

① 接插集成块时，要认清定位标记，不得插反。在拔插集成块时，必须切断电源。

② 电源电压 $V_{CC}=+5\text{V}$。电源极性绝对不允许接错。

③ 输出端不允许直接接地或直接接 $+5\text{V}$ 电源，否则将损坏器件。

五、预习与思考

① 预习组合逻辑电路的分析方法。

② 预习用与非门和异或门构成半加器、全加器的工作原理。

③ 熟悉 74LS151 的工作原理及使用方法。

④ 根据实验内容要求，写出设计的全过程，画出实训电路图。

六、实训内容

1. 半加器和全加器

① 按逻辑电路图 3-10-1 连线，用门电路构成半加器。74LS86 引脚排列见附录三。图中 A、B 接开关，S、C 接指示灯。改变 A、B，观察和数 S 与进位 C 状态，并记入表 3-10-4。

表 3-10-4　半加器测试结果

输入端	A	0	1	0	1
	B	0	0	1	1
输出端	S				
	C				

② 用 74LS283 实现两位二进制全加法器。按图 3-10-6 接好电路，自行设置加数和

被加数 A、B 及初始进位 C_o，观察和数 $S_3 S_2 S_1$，并记入表 3-10-5。

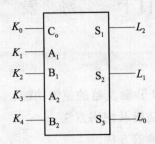

图 3-10-6　两位二进制全加法器

表 3-10-5　全加器测试结果

B_1　A_1	B_2　A_2	C_o	S_3　S_2　S_1

2. 数据选择器

用 74LS151 设计三输入多数表决电路。

设计步骤如下：

① 写出设计过程；

② 画出接线图；

③ 验证逻辑功能。

3. 用八选一数据选择器实现逻辑函数

设计步骤如下：

① 写出设计过程；

② 画出接线图；

③ 验证逻辑功能。

七、作业

① 整理实训数据。

② 写出设计全过程，画出接线图。

项目十一　触　发　器

一、目的

① 掌握基本 RS、JK、D 和 T 触发器的逻辑功能。

② 掌握集成触发器的逻辑功能及使用方法。

③ 熟悉触发器之间相互转换的方法。

二、预备知识

触发器具有两个稳定状态，用以表示逻辑状态"1"和"0"，在一定的外界信号作用下，可以从一个稳定状态翻转到另一个稳定状态。它是一个具有记忆功能的二进制信息存储器件，是构成各种时序电路的最基本逻辑单元。

1. 基本 RS 触发器

图 3-11-1 为由两个与非门交叉耦合构成的基本 RS 触发器，它是无时钟控制低电平直接触发的触发器。基本 RS 触发器具有置"0"、置"1"和"保持"三种功能。通常称 $\bar{S}$ 为置"1"端，因为 $\bar{S}=0$（$\bar{R}=1$）时触发器被置"1"；$\bar{R}$ 为置"0"端，因为 $\bar{R}=0$（$\bar{S}=1$）时触发器被置"0"；当 $\bar{S}=\bar{R}=1$ 时，状态保持；当 $\bar{S}=\bar{R}=0$ 时，触发器状态不定，应避免此种情况发生。表 3-11-1 为基本 RS 触发器的功能表。

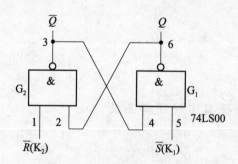

图 3-11-1　由与非门组成的基本触发器

表 3-11-1　门组成的基本触发器功能表

$\bar{S}$	$\bar{R}$	Q	$\bar{Q}$
1	1	不变	不变
1	0	0	1
0	1	1	0
0	0	不定	不定

基本 RS 触发器也可以用两个"或非门"组成，此时为高电平触发有效。

2. JK 触发器

在输入信号为双端的情况下，JK 触发器是功能完善、使用灵活和通用性较强的一种触发器。本实训采用 74LS112 双 JK 触发器，它是下降边沿触发的边沿触发器。引脚功能及逻辑符号如图 3-11-2 所示。

J 和 K 是数据输入端，是触发器状态更新的依据。若 J、K 有两个或两个以上输入端时，组成"与"的关系。Q 与 $\overline{Q}$ 为两个互补输出端。通常把 $Q=0$、$\overline{Q}=1$ 的状态定为触发器"0"状态，而把 $Q=1$、$\overline{Q}=0$ 定为"1"状态。

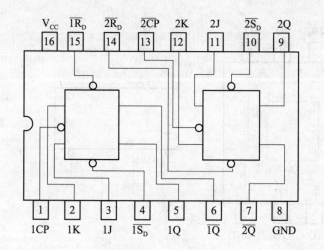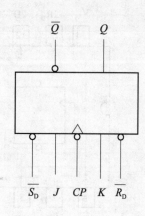

图 3-11-2　74LS112 双 JK 触发器引脚排列及逻辑符号

下降沿触发 JK 触发器的功能如表 3-11-2。

表 3-11-2　JK 触发器功能表

输　　　入					输　　出	
$\overline{S}_D$	$\overline{R}_D$	CP	J	K	Q^{n+1}	$\overline{Q}^{n+1}$
0	1	×	×	×	1	0
1	0	×	×	×	0	1
0	0	×	×	×	φ	φ
1	1	↓	0	0	Q^n	$\overline{Q}^n$
1	1	↓	0	1	0	1
1	1	↓	1	0	1	0
1	1	↓	1	1	$\overline{Q}^n$	Q^n
1	1	↑	×	×	Q^n	$\overline{Q}^n$

注：×——任意状态；↓——从高电平到低电平跳变；↑——从低电平到高电平跳变；$Q^n(\overline{Q}^n)$——现态；$Q^{n+1}(\overline{Q}^{n+1})$——次态；$\varphi$——不定状态。

JK 触发器常被用作缓冲存储器、移位寄存器和计数器。

3．D 触发器

在输入信号为单端的情况下，D 触发器用起来最为方便。其输出状态的更新发生在
CP 脉冲的上升沿，故又称为上升沿触发的边沿触发器，触发器的状态只取决于时钟到
来前 D 端的状态。D 触发器的应用很广，可用作数字信号的寄存、移位寄存、分频和
波形发生等。有很多种型号可供各种用途的需要而选用。本实训选用双 D 触发器
74LS74。图 3-11-3 为双 D 触发器 74LS74 的引脚排列及逻辑符号，功能如表 3-11-3
所示。

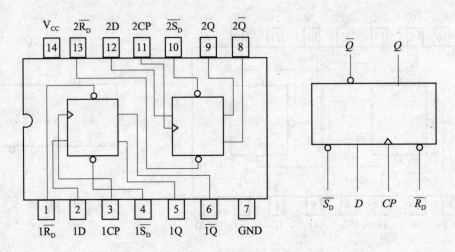

图 3-11-3　74LS74 引脚排列及逻辑符号

表 3-11-3　D 触发器功能表

输　　入				输　　出	
$\overline{S}_D$	$\overline{R}_D$	CP	D	Q^{n+1}	$\overline{Q}^{n+1}$
0	1	×	×	1	0
1	0	×	×	0	1
0	0	×	×	φ	φ
1	1	↑	0	0	1
1	1	↑	1	1	0
1	1	↓	×	Q^n	$\overline{Q}^n$

4．触发器之间的相互转换

在集成触发器的产品中，每一种触发器都有自己固定的逻辑功能，但可以利用转换的
方法获得具有其他功能的触发器。例如将 JK 触发器的 J、K 两端连在一起，并认它为 T
端，就得到所需的 T 触发器，如图 3-11-4(a) 所示。T 触发器的功能如表 3-11-4 所示。

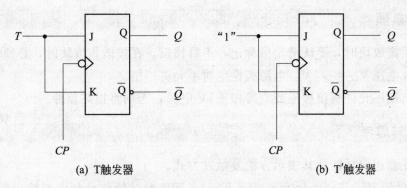

(a) T触发器　　　　　　　　　　　　　　(b) T′触发器

图 3-11-4　JK 触发器转换为 T、T′触发器

表 3-11-4　T 触发器功能表

输　　　入				输　　出
$\overline{S}_D$	$\overline{R}_D$	CP	T	Q^{n+1}
0	1	$\times$	$\times$	1
1	0	$\times$	$\times$	0
1	1	$\downarrow$	0	Q^n
1	1	$\downarrow$	1	$\overline{Q}^n$

　　由功能表可见，当 $T=0$ 时，时钟脉冲作用后，其状态保持不变；当 $T=1$ 时，时钟脉冲作用后，触发器状态翻转。所以，若将 T 触发器的 T 端置"1"，如图 3-11-4 (b) 所示，即得 T′触发器。在 T′触发器的 CP 端每来一个 CP 脉冲信号，触发器的状态就翻转一次，故称之为反转触发器，广泛用于计数电路中。

　　同样，若将 D 触发器 $\overline{Q}$ 端与 D 端相连，便转换成 T′触发器。如图 3-11-5 所示。

　　JK 触发器也可转换为 D 触发器，如图 3-11-6 所示。

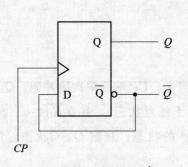

图 3-11-5　D 转成 T′

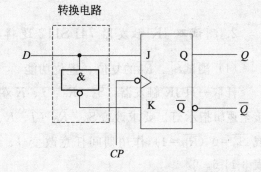

图 3-11-6　JK 转换成 D

三、设备与器件

　　① XK-TAD8A 型实训仪。

　　② 集成电路：74LS00、74LS74、74LS112。

四、注意事项

① 接插集成块时，要认清定位标记，不得插反。在拔插集成块时，必须切断电源。

② 电源电压 $V_{CC}=+5V$。电源极性绝对不允许接错。

③ 输出端不允许直接接地或直接接 +5V 电源，否则将损坏器件。

五、预习与思考

① 触发器逻辑功能及其表示方法及触发方式。

② JK 触发器，若 $\overline{S_D}=\overline{R_D}=1$，$J=K=1$，问此时时钟信号频率与输出端 Q 的输出频率之间存在什么关系？

③ RS 触发器为什么不允许出现两个输入同时为零的情况？

六、实训内容

1. 测试基本 RS 触发器的逻辑功能

按图 3-11-1，用两个与非门组成基本 RS 触发器，输入端 $\overline{R}$、$\overline{S}$ 接逻辑开关，输出端 Q、$\overline{Q}$ 接指示灯。按表 3-11-5 要求测试，并记录之。

表 3-11-5　基本 RS 触发器功能表

$\overline{R}$	$\overline{S}$	Q	$\overline{Q}$
0	0		
0	1		
1	0		
1	1		

2. 测试双 JK 触发器 74LS112 逻辑功能

（1）测试 $\overline{S_D}$、$\overline{R_D}$ 的复位、置位功能

任取一只 JK 触发器，$\overline{S_D}$、$\overline{R_D}$、J、K 端接逻辑开关，CP 端接单次脉冲源，Q、$\overline{Q}$ 端接至逻辑指示灯。要求改变 $\overline{S_D}$、$\overline{R_D}$（J、K、CP 处于任意状态），并在 $\overline{R_D}=0$（$\overline{S_D}=1$）或 $\overline{S_D}=0$（$\overline{R_D}=1$）作用期间任意改变 J、K 及 CP 的状态，观察 Q、$\overline{Q}$ 状态，记录于表 3-11-6。

表 3-11-6　JK 触发器异步复位，置位

输　　　　　入					输　　出	
$\overline{S_D}$	$\overline{R_D}$	CP	J	K	Q_{n+1}	$\overline{Q_{n+1}}$
0	1	×	×	×		
1	0	×	×	×		

（2）测试 JK 触发器的逻辑功能

按表 3-11-7 的要求改变 J、K、CP 端状态，观察 Q、$\overline{Q}$ 状态变化，观察触发器状态更新是否发生在 CP 脉冲的下降沿（即 CP 由 1→0），记录结果。

表 3-11-7　JK 触发器的逻辑功能表

J	K	CP	Q^{n+1}	
			$Q^n=0$	$Q^n=1$
0	0	0→1		
		1→0		
0	1	0→1		
		1→0		
1	0	0→1		
		1→0		
1	1	0→1		
		1→0		

（3）将 JK 触发器的 J、K 端连在一起构成 T' 触发器

在 CP 端输入 1Hz 连续脉冲，观察 Q 端的变化。在 CP 端输入 1kHz 连续脉冲，用双踪示波器观察 CP、Q 端波形。注意相位关系，描绘于图 3-11-7 中。

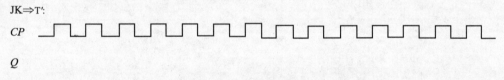

图 3-11-7　JK 触发器构成 T' 触发器时序

3. 测试双 D 触发器 74LS74 的逻辑功能

（1）测试 $\overline{S_D}$、$\overline{R_D}$ 的复位、置位功能

测试方法同实训内容 2 之（1），自拟表格记录。

（2）根据 D 触发器的真值表测试它的逻辑功能

按表 3-11-8 要求进行测试，并观察触发器状态更新是否发生在 CP 脉冲的上升沿（即由 0→1），记录之。

表 3-11-8　D 触发器的逻辑功能表

D	CP	Q^{n+1}	
		$Q^n=0$	$Q^n=1$
0	0→1		
	1→0		
1	0→1		
	1→0		

（3）将 D 触发器的 $\overline{Q}$ 端与 D 端相连接构成 T′ 触发器
测试方法同实训内容 2 之（3），记录于图 3-11-8。

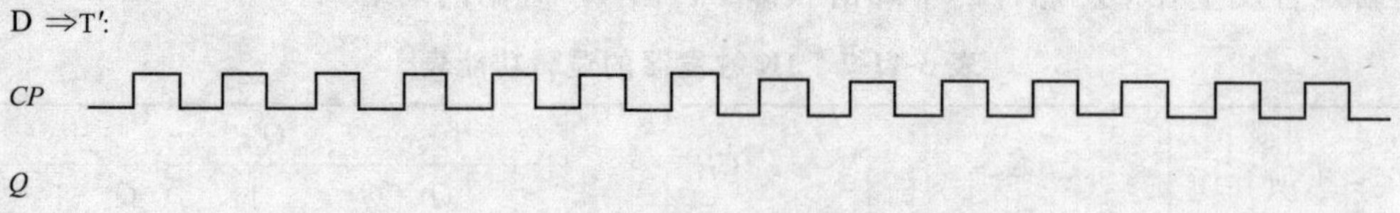

D $\Rightarrow$ T′:

CP

Q

图 3-11-8　D触发器构成 T′触发器时序

七、作业

① 画出实验内容要求的波形及记录表格。
② 列表整理各类触发器的逻辑功能，总结各类触发器特点。
③ 总结观察到的波形，说明触发器的触发方式。

项目十二　计数器及应用

一、目的

① 认识并测试四位二进制计数器 74LS161 的逻辑功能。

② 学会用 74LS161 构成 N 进制计数器。

二、预备知识

计数器是一个用以实现计数功能的时序部件，它不仅可用来计脉冲数，还常用作数字系统的定时、分频和执行数字运算以及其他特定的逻辑功能。

计数器种类很多。按构成计数器中各触发器是否使用一个时钟脉冲源来分，有同步计数器和异步计数器。根据计数进制的不同，分为二进制计数器、十进制计数器和任意进制计数器。根据计数的增减趋势，又分为加法、减法和可逆计数器。还有可预置数和可编程序功能计数器等。目前，无论是 TTL 还是 CMOS 集成电路，都有品种较齐全的中规模集成计数器。

使用者只要借助于器件手册提供的功能表和工作波形图以及引出端的排列，就能正确地运用这些器件。

1. 中规模集成计数器 74LS161

在实际工程应用中，一般很少使用小规模的触发器去拼接而成各种计数器，而是直接选用集成计数器产品。例如 74LS161 就是具有异步清零功能的可预置数 4 位二进制同步计数器。图 3-12-1 为 74LS161 外引脚排列图。表 3-12-1 为 74LS161 的功能表。

表 3-12-1　74LS161 的功能表

状态＼功能	输　入									输　出			
	$\overline{R_D}$	$\overline{LD}$	P	T	CP	D	C	B	A	Q_3	Q_2	Q_1	Q_0
清零	0	×	×	×	×	×	×	×	×	0	0	0	0
置数	1	0	×	×	↑	D	C	B	A	D	C	B	A
计数	1	1	1	1	↑	×	×	×	×	计　　数			
保持	1	1	0	×	×	×	×	×	×	保　　持			
保持	1	1	×	0	×	×	×	×	×	保持($C_0 = 0$)			

输入端包括 $\overline{R_D}$、$\overline{LD}$、P、T、CP 及 D、C、B、A，输出有四位：Q_3、Q_2、Q_1、Q_0，Q_3 是高位，Q_0 是低位。

图 3-12-1　74LS161 引脚排列图

CP 为计数脉冲输入端，上升沿有效。

$\overline{R_D}$ 为异步清零端，低电平有效。只要 $\overline{R_D}=0$，立即有 $Q_3Q_2Q_1Q_0=0000$，与 CP 无关。

$\overline{LD}$ 为同步预置端，低电平有效。当 $\overline{R_D}=1$，$\overline{LD}=0$，在 CP 上升沿来到时，才能将预置输入端 D、C、B、A 的数据送至输出端，即 $Q_3Q_2Q_1Q_0=DCBA$。

P、T 为计数器允许控制端，高电平有效。只有当 $\overline{R_D}=\overline{LD}=1$，$P \cdot T=1$，在 CP 作用下计数器才能正常计数。当 P、T 中有一个为低时，各触发器的 J、K 端均为 0，从而使计数器处于保持状态。P、T 的区别是 T 影响进位输出 Q_0，而 P 则不影响 Q_0。

进位 C_0 在平时状态为 0，仅当 $T=1$ 且 $Q_0 \sim Q_3$ 全为 1 时，才输出 1（$C_0=T \cdot Q_3 \cdot Q_2 \cdot Q_1 \cdot Q_0$）。

2. 实现任意进制计数

（1）用清零法获得任意进制计数器

要得到一个 M 进制计数器，将其二进制数中为"1"的输出端相与非后，去控制清零端 $\overline{R_D}$ 即可。例如要构成十进制计数器，写出"10"的二进制数代码，即 1010，其中 Q_3 和 Q_1 为 1，则将 74LS161 的 Q_3 和 Q_1 通过与非门反馈后接到 $\overline{R_D}$ 端即可，如图 3-12-2（a）所示。利用此法，74LS161 可以构成小于模 16 的任意进制计数器。

（2）利用预置功能获十进制计数器

可在 $\overline{LD}$ 端给一个零信号，使某数 DCBA 并行置入计数器中，然后以它为基值向上计数，取中间 10 个状态为计数状态，取最终状态的"1"信号相与非后，作为 $\overline{LD}$ 的控制信号，就可完成十进制计数器。如图 3-12-2（b）所示。

3. 集成计数器 74LS193

74LS193 是具有带清除、双时钟功能的可预置数、4 位二进制同步加减可逆计数器。其外引脚排列图如图 3-12-3 所示，功能表如表 3-12-2 所示。

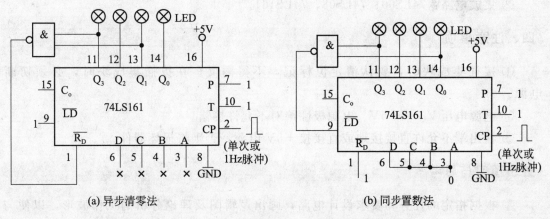

(a) 异步清零法   (b) 同步置数法

图 3-12-2   74LS161 构成十进制计数器接线图

图 3-12-3   74LS193 外引脚排列图

表 3-12-2   74LS193 的功能表

输　　　入								输　　出			
R_D	$\overline{LD}$	CP_-	CP_+	D	C	B	A	Q_3	Q_2	Q_1	Q_0
1	×	×	×	×	×	×	×	0	0	0	0
0	0	×	×	D	C	B	A	D	C	B	A
0	1	1	↑	×	×	×	×	加　法　计　数			
0	1	↑	1	×	×	×	×	减　法　计　数			

　　74LS193 的 R_D 端与 74LS161 不同，它是 "1" 信号起作用，即 $R_D = 1$ 时，74LS193 清零，它可以加、减计数。在计数状态时，即 $R_D = 0$，$\overline{LD} = 1$，$CP_- = 1$，CP_+ 输入脉冲，为加法计数器；$CP_+ = 1$，CP_- 输入脉冲，计数器为减法计数器。

三、设备与器件

① XK-TAD8A 型实训仪。

② 集成电路：74LS00、74LS08、74LS161。

四、注意事项

① 接插集成块时，要认清定位标记，不得插反。在拔插集成块时，必须切断电源。

② 电源电压 $V_{cc} = +5V$。电源极性绝对不允许接错。

③ 输出端不允许直接接地或直接接 +5V 电源，否则将损坏器件。

五、预习与思考

① 根据指定的任务和要求设计电路，画出逻辑图及理论分析的工作波形，以便与实验比较。

② 利用计数器实现任意进制计数器的方法。

六、内容

1. 集成计数器 74LS161 的功能测试

将 74LS161 芯片按图 3-12-4 接线。根据功能表测试其功能。

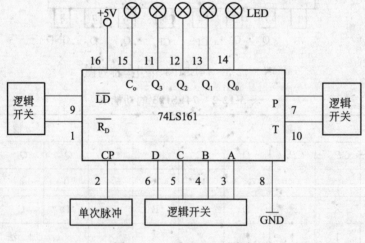

图 3-12-4　74LS161 测试

2. 把 74LS161 改成十进制计数器

分别用清零法和置数法获得十进制计数器。参考电路如图 3-12-2 所示。

3. 用两片 74LS161 完成多位数的计数器

如图 3-12-5 和图 3-12-6 所示。其中，图 3-12-5 为用 74LS161 构成的六十进制计数器，图 3-12-6 为用 74LS161 构成的二十四进制计数器。

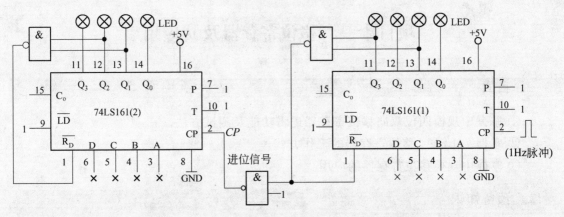

图 3-12-5 用 74LS161 构成的六十进制计数器

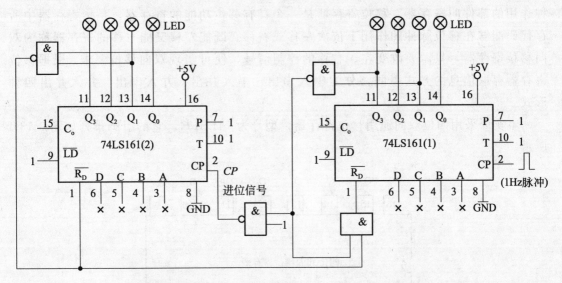

图 3-12-6 用 74LS161 构成的二十四进制计数器

4. 集成计数器 74LS193 的功能测试

74LS193 计数器的使用方法和 74LS161 很相似。

根据表 3-12-2 进行测试。

用 74LS193 也可实现任意进制计数器。

七、作业

① 整理实训电路，画出时序状态图和波形图。

② 总结 74LS161 二进制计数器的功能和特点。

③ 本实训的时钟触发方式是前沿触发还是后沿触发？

项目十三　移位寄存器及其应用

一、目的

① 掌握中规模四位双向移位寄存器逻辑功能及测试方法。

② 掌握 74LS194 移位寄存器的工作方式。

③ 掌握中规模移位寄存器的应用。

二、预备知识

在数字电路中，常常需要将一些数码、指令或运算结果暂时存放起来，能完成这种作用的部件叫寄存器。移位寄存器是一个具有移位功能的寄存器，是指寄存器中所存代码能够在移位脉冲的作用下依次左移或右移。既能左移又能右移的寄存器称为双向移位寄存器，只需要改变左、右移的控制信号，便可实现双向移位要求。根据移位寄存器存取信息的方式不同，分为串入串出、串入并出、并入串出、并入并出四种形式。

本实训采用四位双向通用移位寄存器，型号为 74LS194。它的引脚排列如图 3-13-1 所示。

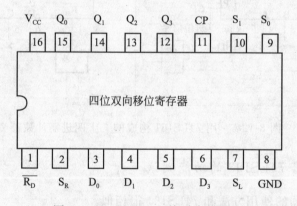

图 3-13-1　74LS194 外引脚排列图

D_0、D_1、D_2、D_3 为并行输入端；Q_0、Q_1、Q_2、Q_3 为并行输出端；S_R 为右移串行输入端；S_L 为左移串行输入端；S_1、S_0 为操作模式控制端；$\overline{R_D}$ 为直接无条件清零端；CP 为时钟输入端。

寄存器有四种不同的操作模式：①并行寄存；②右移（方向由 $Q_0 \rightarrow Q_3$）；③左移（方向 $Q_3 \rightarrow Q_0$）；④保持。S_1、S_0 和 $\overline{R_D}$ 的作用如表 3-13-1 所示。

移位寄存器应用很广，可构成移位寄存型计数器、顺序脉冲发生器、串行累加器；可用作数据转换，即把串行数据转换为并行数据，或把并行数据转换为串行数据等。

表 3-13-1　74LS194 逻辑功能表

CP	$\overline{R_D}$	S_1	S_0	功能	$Q_0 Q_1 Q_2 Q_3$
×	0	×	×	清除	$\overline{R_D}=0$ 时，$Q_0 Q_1 Q_2 Q_3 = 0$，寄存器正常工作时，$\overline{R_D}=1$
↑	1	1	1	送数	CP 上升沿作用后，并行输入端数据送入寄存器，$Q_0 Q_1 Q_2 Q_3 = D_0 D_1 D_2 D_3$，此时串行端数据（$S_R$、$S_L$）被禁止
↑	1	0	1	右移	串行数据送至右移输入端 S_R，CP 上升沿进行右移，$Q_0 Q_1 Q_2 Q_3 = S_R D_0 D_1 D_2$
↑	1	1	0	左移	串行数据送至右移输入端 S_L，CP 上升沿进行左移，$Q_0 Q_1 Q_2 Q_3 = D_1 D_2 D_3 S_L$
×	1	0	0	保持	CP 作用后寄存器内容保持不变
0	1	×	×	保持	寄存器内容保持不变

构成环形计数器

把移位寄存器的输出反馈到它的串行输入端，就可以进行循环移位，如图 3-13-2 (a) 的四位寄存器中，把输出 Q_3 和右移串行输入端 S_R 相连，设初始状态 $Q_0 Q_1 Q_2 Q_3 = 1000$，则在时钟脉冲作用下 $Q_0 Q_1 Q_2 Q_3$ 将依次变为 0100→0010→0001→1000→……，其波形如图 3-13-2(b) 所示。可见它是一个具有四个有效状态的计数器。图 3-13-2(a) 电路可以从各个输出端输出，在时间上有先后顺序的脉冲，因此也可作为顺序脉冲发生器。

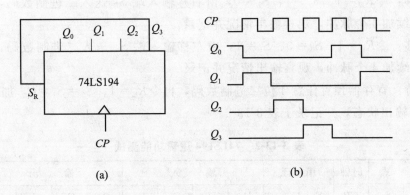

(a)　　　　　　　　　(b)

图 3-13-2　环行计数器

如果将输出 Q_0 与左移串行输入端 S_L 相连接，即可达左移循环移位。

三、设备与器件

① XK-TAD8A 型实训仪。

② 集成电路：74LS194。

四、注意事项

① 接插集成块时，要认清定位标记，不得插反。在拔插集成块时，必须切断电源。

② 电源电压 $V_{CC} = +5V$。电源极性绝对不允许接错。

③ 输出端不允许直接接地或直接接+5V电源，否则将损坏器件。

五、预习与思考

① 熟悉 74LS194 的功能表。

② 根据指定的任务和要求设计电路，画出逻辑图及理论分析的工作波形，以便与实验比较。

六、实训内容

1. 74LS194 逻辑功能测试

$\overline{R_D}$、S_0、S_1、D_0、D_1、D_2、D_3、S_R、S_L 分别接逻辑开关，Q_0、Q_1、Q_2、Q_3 分别接发光二极管，CP 接单次脉冲，对照功能表 3-13-1 输入状态逐项进行测试。

① 清零：令 $\overline{R_D} = 0$，其他输入均为任意状态，这时寄存器输出 Q_0、Q_1、Q_2、Q_3 应均为 0。

② 送数：令 $\overline{R_D} = S_0 = S_1 = 1$，送入任意 4 位二进制数，如 $D_0D_1D_2D_3 = 1011$，加 CP 脉冲，观察 $CP = 0$、CP 由 $0 \to 1$、CP 由 $1 \to 0$ 三种情况下寄存器输出状态的变化，观察寄存器输出状态的变化是否发生在 CP 脉冲的上升沿。

③ 右移：令 $\overline{R_D} = 1$、$S_0 = 1$、$S_1 = 0$，由右移输入端 S_R 送入二进制数码，如 1000，由 CP 端连续加 4 个脉冲，观察输出情况并记录。

④ 左移：令 $\overline{R_D} = 1$、$S_0 = 0$、$S_1 = 1$，由左移输入端 S_L 送入二进制数码，如 0111，由 CP 端连续加 4 个脉冲，观察输出情况并记录。

⑤ 保持：寄存器预置任意 4 位二进制数码，再令 $\overline{R_D} = 1$、$S_0 = S_1 = 0$，加 CP 脉冲，观察寄存器输出状态，并记录于表 3-13-2。

表 3-13-2　74LS194 逻辑功能测试

清除	模	式	时钟	串	行	输		入		输		出		功能
C_R	S_1	S_0	CP	S_R	S_L	D_0	D_1	D_2	D_3	Q_0	Q_1	Q_2	Q_3	总结
0	×	×	×	×	×	×	×	×	×					
1	1	1	↑	×	×	1	0	1	1					
1	0	1	↑	0	×	×	×	×	×					
1	0	1	↑	1	×	×	×	×	×					
1	0	1	↑	0	×	×	×	×	×					

续表

清除	模	式	时钟	串	行	输		入		输		出		功能
C_R	S_1	S_0	CP	S_R	S_L	D_0	D_1	D_2	D_3	Q_0	Q_1	Q_2	Q_3	总结
1	0	1	↑	0	×	×	×	×	×					
1	1	0	↑	×	1	×	×	×	×					
1	1	0	↑	×	1	×	×	×	×					
1	1	0	↑	×	1	×	×	×	×					
1	1	0	↑	×	1	×	×	×	×					
1	0	0	↑	×	×	×	×	×	×					

2. 循环右移

把 Q_3 接到 S_R，见图 3-13-3 中虚线，先置入数据 0001（置数需使 $\overline{R_D}=1$，$S_0=S_1=1$，$D_0 \sim D_3=0001$，按下单次脉冲），再置 $S_1=0$、$S_0=1$ 为右移方式，输入单次脉冲，移位寄存器这时在 CP 上升沿时实现右移操作。按动 4 次单次脉冲，1 次移位循环结束，即如图 3-13-4(a) 状态图所示。将测试结果记于表 3-13-3。

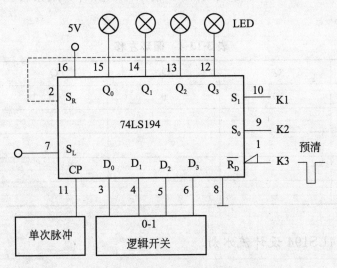

图 3-13-3　74LS194 循环右移接线图

表 3-13-3　循环右移

CP	Q_0	Q_1	Q_2	Q_3
0	0	0	0	1
1				
2				
3				
4				

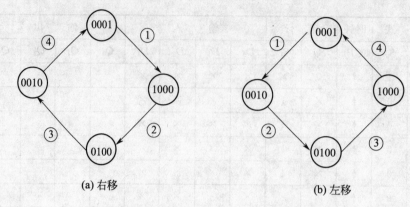

图 3-13-4　74LS194 右移、左移状态图

3. 循环左移

将 Q_3 连到 S_R 的线断开，而把 Q_0 接到左移输入 S_L 端，其余方法同上述右移。即 $\overline{R_D}=1$，$S_0=0$，$S_1=1$（寄存器起始态为 0001），则输入 4 个移位脉冲后，数据左移，最后结果仍为 0001。其左移状态图见图 3-13-4(b)。

再把 Q_3 接到 S_L（Q_0 与 S_L 连线断开），输入单次脉冲，观察移位情况，并记录于表 3-13-4 分析之。

表 3-13-4　循环左移

CP	Q_0	Q_1	Q_2	Q_3
0	0	0	0	1
1				
2				
3				
4				

4. 用两块 74LS194 设计流水灯

要求将排成一串的 8 个灯 $L_1 \sim L_8$ 逐个点亮，在 L_1 灯亮的时候，灯亮的传递方向是向 L_8，当 L_8 灯亮的时候，灯亮的传递方向是向 L_1。这样灯来回地点亮，每次只有一个灯被点亮。

七、作业

① 完成实训内容要求的数据。

② 总结 74LS194 的功能。

项目十四　计数、译码与显示

一、目的

① 进一步掌握中规模集成电路计数器的应用。

② 掌握译码驱动器的工作原理及其应用方法。

二、预备知识

在数字系统中，经常需要将数字、文字和符号的二进制编码翻译成人们习惯的形式直观地显示出来，以便查看。显示器的产品很多，如荧光数码管、半导体、显示器、液晶显示和辉光数码管等。数显的显示方式一般有三种：一是重叠式显示，二是点阵式显示，三是分段式显示。

重叠式显示　它是将不同的字符电极重叠起来。要显示某字符，只需使相应的电极发亮即可，如荧光数码管就是如此。

点阵式显示　利用一定的规律进行排列、组合，显示不同的数字。例如火车站里列车车次、始发时间的显示就是利用点阵方式显示的。

分段式显示　数码由分布在同一平面上的若干段发光的笔画组成。如电子手表、数字电子钟的显示就是用分段式显示。

本实训中，选用常用的共阴极半导体数码管及其译码驱动器，它们的型号分别为LC5011-11 共阴数码管、74LS248 BCD 码 4-7 段译码驱动器。译码驱动器显示的原理框图如图 3-14-1 所示。LC5011-11 共阴数码管和 74LS248 译码驱动器引脚排列如图 3-14-2所示。

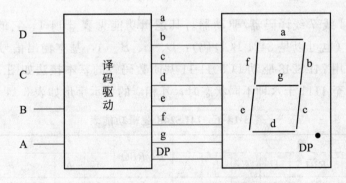

图 3-14-1　译码驱动器显示原理图

LC5011-11 共阴数码管的内部实际上是一个八段发光二极管负极连在一起的电路，如图3-14-3（a）所示。当在 a、b……g、DP 端加上正向电压时，发光二极管就亮。比如显示二进制数 0101（即十进制数 5），应使显示器的 a、f、g、c、d 端加上高电平就行了。同理，共阳极显示应在各段加上低电平，各段就亮了，见图 3-14-3（b）。

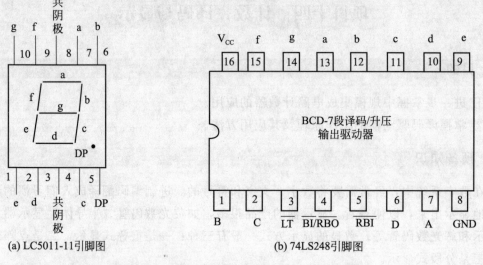

图 3-14-2 显示器和译码驱动器外引脚排列图

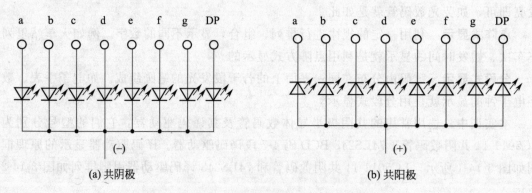

图 3-14-3 半导体数码管显示器内部原理图

74LS248 是 4 线-7 线译码器/驱动器。其逻辑功能见表 3-14-1。它的基本输入信号是 4 位二进制数（也可以是 8421 BCD 码）：D、C、B、A，基本输出信号有 7 个：a、b、c、d、e、f、g。用 74LS248 驱动 LC5011-11 共阴数码管的基本接法如图 3-14-4 所示。当输入信号从 0000 至 1111 十六种不同状态时，其相应的显示字形如表 3-14-1 所示。

表 3-14-1 74LS248 逻辑功能表

十进制或功能	输 入						$\overline{BI/RBO}$	输 出						
	$\overline{LT}$	$\overline{RBI}$	D	C	B	A		a	b	c	d	e	f	g
0	1	1	0	0	0	0	1	1	1	1	1	1	1	0
1	1	×	0	0	0	1	1	0	1	1	0	0	0	0
2	1	×	0	0	1	0	1	1	1	0	1	1	0	1
3	1	×	0	0	1	1	1	1	1	1	1	0	0	1
4	1	×	0	1	0	0	1	0	1	1	0	0	1	1
5	1	×	0	1	0	1	1	1	0	1	1	0	1	1
6	1	×	0	1	1	0	1	1	0	1	1	1	1	1

续表

十进制或功能	输　入						$\overline{BI/RBO}$	输　　出						
	$\overline{LT}$	$\overline{RBI}$	D	C	B	A		a	b	c	d	e	f	g
7	1	×	0	1	1	1	1	1	1	1	0	0	0	0
8	1	×	1	0	0	0	1	1	1	1	1	1	1	1
9	1	×	1	0	0	1	1	1	1	1	0	1	1	1
10	1	×	1	0	1	0	1	0	0	0	1	1	0	1
11	1	×	1	0	1	1	1	0	0	1	1	0	0	1
12	1	×	1	1	0	0	1	0	1	0	0	0	1	1
13	1	×	1	1	0	1	1	1	0	0	1	0	1	1
14	1	×	1	1	1	0	1	0	0	0	1	1	1	1
15	1	×	1	1	1	1	1	0	0	0	0	0	0	0
灭灯	×	×	×	×	×	×	0(入)	0	0	0	0	0	0	0
灭零	1	0	0	0	0	0	0(出)	0	0	0	0	0	0	0
灯测试	0	×	×	×	×	×	1	1	1	1	1	1	1	1

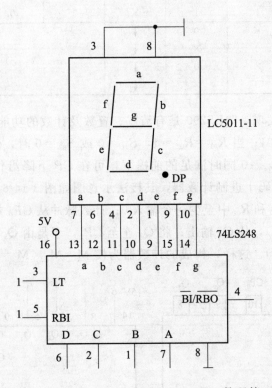

图 3-14-4　74LS248 驱动 LC5011-11 数码管

从表 3-14-1 中可以看出，除了上述基本输入和输出外，还有几个辅助输入、输出端，其辅助功能如下。

① 灭灯功能：只要 $\overline{BI/RBO}$ 置入 0，则无论其他输入处于何状态，$a \sim g$ 各段均为 0，显示器这时为整体不亮。

② 灭零功能：当 $\overline{LT}=1$ 且 $\overline{BI/RBO}$ 作输出，不输入低电平时，如果 $\overline{RBI}=1$ 时，

则在 D、C、B、A 的所有组合下，仍然都是正常显示。如果 $\overline{RBI}=0$ 时，$DCBA\neq0000$ 时，仍正常显示，当 $DCBA=0000$ 时，不再显示 0 的字形，而是 $a\sim g$ 各段输出全为 0。与此同时，$\overline{RBO}$ 输出为低电平。

③ 灯测试功能：在 $\overline{BI}/\overline{RBO}$ 端不输入低电平的前提下，当 $\overline{LT}=0$ 时，则无论其他输入处于何状态，$a\sim g$ 段均为 1，显示器这时全亮。常用此法测试显示器的好坏。

在计数器电路实训中，已作过部分中规模集成电路计数器的实训论证。这里选用 74LS290 集成计数器作为计数器部分来进行本实训显示的前级部分。

74LS290 是包含一个二分频和五分频的计数器，其外引脚排列如图 3-14-5 所示，逻辑功能见表 3-14-2。

表 3-14-2　74LS290 逻辑功能表

输　　入					输　　出			
R_{01}	R_{02}	S_{91}	S_{92}	CP	Q_3	Q_2	Q_1	Q_0
1	1	0	$\times$	$\times$	0	0	0	0
1	1	$\times$	0	$\times$	0	0	0	0
$\times$	$\times$	1	1	$\times$	1	0	0	1
$\times$	0	$\times$	$\times$	$\downarrow$	计　　数			
0	$\times$	0	$\times$	$\downarrow$				
0	$\times$	$\times$	0	$\downarrow$				
$\times$	0	0	$\times$	$\downarrow$				

从表 3-14-2 可以发现，74LS290 是有清零、置数及计数的功能。当 $S_{91}=S_{92}=1$ 时，就置成 $Q_3Q_2Q_1Q_0=1001$；当 $R_{01}=R_{02}=1$，$S_{91}=0$ 或 $S_{92}=0$ 时，$Q_3Q_2Q_1Q_0=0000$；当 $S_{91}\cdot S_{92}=0$ 和 $R_{01}\cdot R_{02}=0$ 同时满足的前提下，可在 CP 下降沿作为实现加法计数器。例如，构成 8421 BCD 码十进制计数器，其接法示意图如图 3-14-6 所示。图中 S_{91} 和 S_{92} 中至少一个输入 0，R_{01} 和 R_{02} 中至少一个输入 0；计数脉冲从 CP_0 端输入，下降沿触发，实现模 2 计数（$M_1=2$），从 Q_0 输出；将 Q_0 连至 CP_1，于是由 Q_3、Q_2、Q_1 构成对 CP_1 进行模 5 计数（$M_2=5$）。这样，构成的计数器为模 $M=M_1\times M_2=10$ 的计数器。

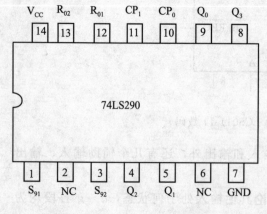

图 3-14-5　74LS290 外引脚图

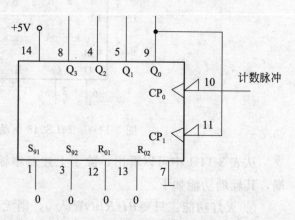

图 3-14-6　用 74LS290 构成 8421 码十进制计数器

如果把计数器的输出接到译码管、显示器，就构成了计数、译码显示器。

三、设备与器件

① XK-TAD8A 型实训仪。

② 集成电路：74LS290、74LS248。

四、注意事项

① 接插集成块时，要认清定位标记，不得插反。在拔插集成块时，必须切断电源。

② 电源电压 $V_{cc}=+5V$。电源极性绝对不允许接错。

③ 输出端不允许直接接地或直接接+5V电源，否则将损坏器件。

五、预习与思考

① 复习译码驱动器的工作原理。

② 了解计数、译码、显示的过程。

③ 熟悉 74LS290、74LS248 引脚及功能。

六、实训内容

1. 译码显示

按图 3-14-4 接线，其中 $\overline{LT}$、$\overline{RBI}$ 接逻辑开关，D、C、B、A 接 8421 码拨码开关，a、b、c、d、e、f、g 七段分别接显示器对应的各段。根据表 3-14-1 测试 74LS248 逻辑功能。

① $\overline{LT}=0$，其余状态为任意态，这时 LED 数码管全亮。

② $\overline{BI}/\overline{RBO}$ 接 0 电平，这时数码管全灭，不显示，这说明译码显示是好的。

③ 断开 $\overline{BI}/\overline{RBO}$ 与 0 电平相连的导线，使 $\overline{BI}/\overline{RBO}$ 悬空，且使 $\overline{LT}=1$，这时拨动 8421 码拨码开关，输入 D、C、B、A 四位 8421 码二进制数，显示器就显示相应的十进制数。

④ 在③步骤后，仍使 $\overline{LT}=1$，$\overline{BI}/\overline{RBO}$ 接 LED 发光二极管，此时若 $\overline{RBI}=1$，按动拨码开关，显示器正常工作。若 $\overline{RBI}=0$，按动拨码开关，8421 码输出为 0000 时，显示器全灭，这时 $\overline{BI}/\overline{RBO}$ 端输出为低电平，即 LED 发光二极管灭。这就是"灭零"功能。

2. 计数译码显示

① 按图 3-14-6 用 74LS290 搭接十进制计数器电路，Q_3、Q_2、Q_1、Q_0 分别接实训台上译码显示。R_{01}、R_{02}、S_{91}、S_{92} 全部接 0，CP_0 接单次脉冲，Q_0 接 CP_1。

接线完毕，接通电源，输入单次脉冲，观察显示器状态，并记录结果。

② 用两片 74LS290 组成 100 进制计数器，译码显示则用 2 位，其实训接线图如图 3-14-7 所示。

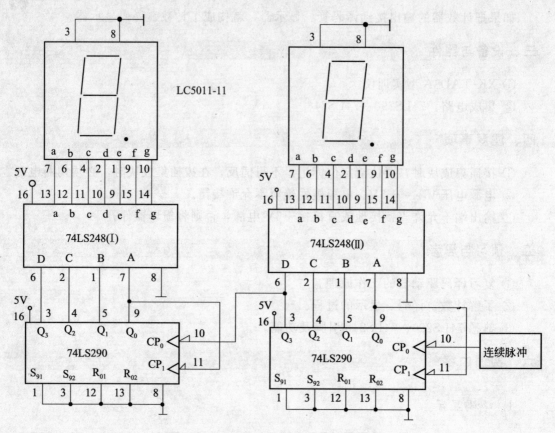

图 3-14-7　2 位计数译码显示器接线图

　　按图 3-14-7 接线，CP 接连续脉冲，其余方法同上。译码显示部分可用实训系统中已有的，也可用 74LS248 和 LC5011-11 自己组合。

七、作业

　　① 整理实训电路，画出计数器的波形图。

　　② 设计一个秒、分时钟计数、译码显示电路，并选择元件，画出逻辑电路图。

项目十五 555 定时电路及其应用

一、目的

① 掌握 555 时基电路的结构和工作原理，会正确使用此芯片。

② 学会用 555 时基电路构成多谐振荡器、单稳态触发器等典型电路。

二、预备知识

555 定时器是一种中规模集成电路，它可以实现模拟和数字两项功能。其特点如下。

① 可产生精确的时间延迟和振荡，内部有 3 个 5kΩ 的电阻分压器，故称 555。

② 电源电压电流范围宽，双极型：5~16V；CMOS：3~18V。

③ 可以提供与 TTL 及 CMOS 数字电路兼容的接口电平。

④ 可输出一定的功率，可驱动微电机、指示灯、扬声器等。

⑤ 应用：脉冲波形的产生与变换、仪器与仪表、测量与控制、家用电器与电子玩具等领域。

⑥ TTL 单定时器型号的最后 3 位数字为 555，双定时器的为 556；CMOS 单定时器的最后 4 位数为 7555，双定时器的为 7556。它们的逻辑功能和外部引线排列完全相同。

555 定时器的内部电路框图及引脚排列分别如图 3-15-1 所示。

555 定时器主要是与电阻、电容构成充放电电路，并由两个比较器来检测电容器上的电压，以确定输出电平的高低和放电开关管的通断，可很方便地构成从微秒到数十分钟的延时电路，可方便地构成单稳态触发器、多谐振荡器、施密特触发器等脉冲产生或波形变换电路。

1. 由 555 定时器组成的多谐振荡器

由 555 定时器构成的多谐振荡器如图 3-15-2 所示。

振荡器的工作原理

接通 V_{CC} 后，V_{CC} 经 R_1 和 R_2 对 C 充电。当 u_c 上升到 $\frac{2}{3}V_{CC}$ 时，$u_o=0$，T（图 3-15-1 中）导通，C 通过 R_2 和 T 放电，u_c 下降。当 u_c 下降到 $\frac{1}{3}V_{CC}$ 时，u_o 又由 0 变为 1，T 截止，V_{CC} 又经 R_1 和 R_2 对 C 充电。如此重复上述过程，在输出端 u_o 产生了连续的矩形脉冲。

振荡频率和占空比的估算

① 电容 C 充电时间：$\qquad t_{P1}=0.7(R_1+R_2)C$

② 电容 C 放电时间：$\qquad t_{P2}=0.7R_2C$

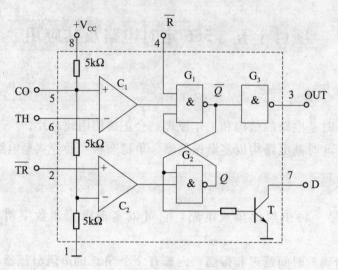

(a) 555定时器内部结构框图

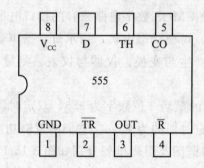

(b) 555外引脚排列

图 3-15-1　555 定时器内部结构及外引线排列图

1—GND：接地端；2—$\overline{TR}$：低触发端；3—OUT：输出端；4—$\overline{R}$：复位端；

5—CO：控制电压端；6—TH：高触发端；7—D：放电端；8—V_{CC}：电源端

③ 电路谐振频率 f 的估算

振荡周期为：

$$T = 0.7(R_1 + 2R_2)C$$

振荡频率为：

$$f = \frac{1}{T}$$

④ 占空比 D：

$$D = \frac{t_{P1}}{T} = \frac{R_1 + R_2}{R_1 + 2R_2}$$

2. 单稳态触发器

(1) 单稳态触发器的特点

单稳态触发器具有下列特点：第一，它有一个稳定状态和一个暂稳状态；第二，在外来触发脉冲作用下，能够由稳定状态翻转到暂稳状态；第三，暂稳状态维持一段时间后，将自动返回到稳定状态，而暂稳状态时间的长短与触发脉冲无关，仅决定于电路本身的参数。

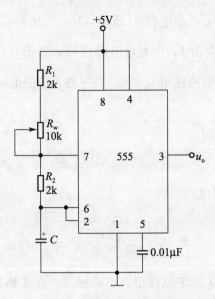

图 3-15-2　555 定时器构成的多谐振荡器

（2）555 定时器构成的单稳态触发器的电路组成及其工作原理

单稳态触发器的组成如图 3-15-3 所示。

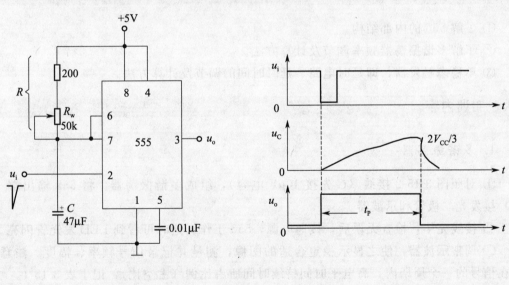

（a）电路　　　　　　　　　　　　　　　（b）工作波形

图 3-15-3　555 定时器构成的单稳态触发器

接通 V_{CC} 后瞬间，V_{CC} 通过 R 对 C 充电，当 u_c 上升到 $\frac{2}{3}V_{CC}$ 时，比较器 C_1（图 3-15-1 中）输出为 0，将触发器置 0，$u_o=0$。这时 $Q=1$，放电管 T 导通，C 通过 T 放电，电路进入稳态。

u_i 到来时，因为 $u_i<\frac{1}{3}V_{CC}$，使比较器 C_2 为 0，触发器置 1，u_o 又由 0 变为 1，电路

进入暂稳态。由于此时 $Q=0$，放电管 T 截止，V_{CC} 经 R 对 C 充电。虽然此时触发脉冲已消失，比较器 C_2 的输出变为 1，但充电继续进行，直到 u_c 上升到 $\frac{2}{3}V_{CC}$ 时，比较器 C_1 输出为 0，将触发器置 0，电路输出 $u_o=0$，T 导通，C 放电，电路恢复到稳定状态。

（3）主要参数的估算

输出脉冲宽度：$t_P=1.1RC$。

三、设备与器件

① XK-TAD8A 型实训仪。

② 集成电路：LM555。

四、注意事项

① 接插集成块时，要认清定位标记，不得插反。在拔插集成块时，必须切断电源。

② 电源电压 $V_{CC}=+5V$。电源极性绝对不允许接错。

③ LM555 只有 8 个脚，装在 14 脚的插座上，接线时注意引脚与插座的对应关系。

五、预习与思考

① 了解 555 的内部结构。

② 了解多谐振荡器频率调节及计算方法。

③ 单稳态触发器，即延时电路、延时时间的调节及计算方法。

六、实训内容

1. 多谐振荡器

① 对照图 3-15-2 接线（C 先接 $10\mu F$ 电容），组成多谐振荡器。将 555 输出端（3 脚）接发光二极管和示波器。

② 接线完毕，检查无误后，接通电源，555 工作。这时可看到 LED 发光管闪亮。

③ 调整示波器，使之显示稳定合适的图像，测量并记录信号频率、幅度。注意观察在信号的一个周期内，高电平时间持续时间所占比例（占空比），记于表 3-15-1。

④ 改变电容 C 的数值为 $0.1\mu F$，再调节 R_w，观察输出波形的变化，并记录输出波形及频率于表 3-15-1。

表 3-15-1　多谐振荡器

C	$R/k\Omega$		信号周期	信号幅度	高电平持续时间	低电平持续时间
$10\mu F$		计算值			—	—
		测量值				
$0.1\mu F$		计算值			—	—
		测量值				

2. 单稳态触发器（延时电路）

按图 3-15-3（a）接线，u_i 接单次负脉冲，输出 u_o 接发光 LED 二极管。

调节 R_w，输入单次负脉冲一次，观察 LED 灯亮的时间。

调节 R_w 和 C，使灯亮时间为 4s，记下所用电容和阻值；若要灯亮 10s，电阻和电容又各为多少？将调试结果记入表 3-15-2。

表 3-15-2　延时电路

灯亮时间	C	$R/\text{k}\Omega$	计算值
4s			
10s			

七、作业

① 按实验内容的要求整理实验数据。

② 按实验内容的要求计算出相关电路的元器件参数。

③ T_w 理论计算值和实际测得值的误差为多少？

附 录

附录一 集成逻辑门电路新、旧图形符号对照

名 称	新国标图形符号	旧图形符号	逻辑表达式
与 门	A —[&]— Q, B, C	A —[ ]— Q, B, C	$Q=ABC$
或 门	A —[≥1]— Q, B, C	A —[+]— Q, B, C	$Q=A+B+C$
非 门	A —[1]o— Q	A —[ ]o— Q	$Q=\overline{A}$
与非门	A —[&]o— Q, B, C	A —[ ]o— Q, B, C	$Q=\overline{ABC}$
或非门	A —[≥1]o— Q, B, C	A —[+]o— Q, B, C	$Q=\overline{A+B+C}$
与或非门	A, B —[& ≥1]o— Q, C, D	A, B —[+]o— Q, C, D	$Q=\overline{AB+CD}$
异或门	A —[=1]— Q, B	A —[⊕]— Q, B	$Q=\overline{A}B+A\overline{B}$

附录二　集成触发器新、旧图形符号对照

名　称	新国标图形符号	旧图形符号	触发方式
由与非门构成的基本 RS 触发器	$\overline{S}$, $\overline{R}$, Q, $\overline{Q}$	$\overline{Q}$, Q, R, S	无时钟输入，触发器状态直接由 S 和 R 的电平控制
由或非门构成的基本 RS 触发器	S, R, Q, $\overline{Q}$	$\overline{Q}$, Q, R, S	
TTL 边沿型 JK 触发器	$\overline{S}_D$, J, CP, K, $\overline{R}_D$, Q, $\overline{Q}$	$\overline{Q}$, Q, $\overline{S}_D$, $\overline{R}_D$, J, CP, K	CP 脉冲下降沿
TTL 边沿型 D 触发器	$\overline{S}_D$, D, CP, $\overline{R}_D$, Q, $\overline{Q}$	$\overline{Q}$, Q, $\overline{S}_D$, $\overline{R}_D$, CP, D	CP 脉冲上升沿
CMOS 边沿型 JK 触发器	S, J, CP, K, R, Q, $\overline{Q}$	$\overline{Q}$, Q, S, R, J, CP, K	CP 脉冲上升沿
CMOS 边沿型 D 触发器	S, D, CP, R, Q, $\overline{Q}$	$\overline{Q}$, Q, S, R, CP, D	CP 脉冲上升沿

附录三　部分集成电路引脚排列

一、74LS 系列

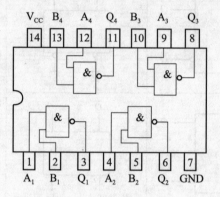

74LS00 四 2 输入与非门

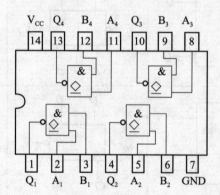

74LS01 集电极开路与非门

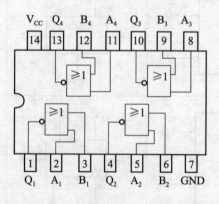

74LS02 四或非门

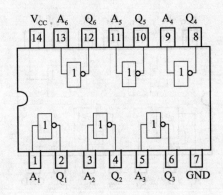

74LS04 六反相器

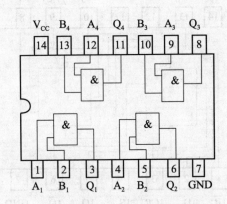

74LS08 四 2 输入与门

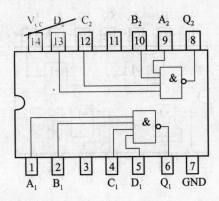

74LS20 双 4 输入与非门

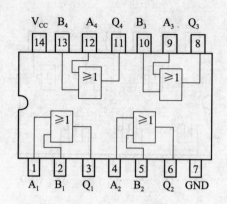

74LS32 四 2 输入或门

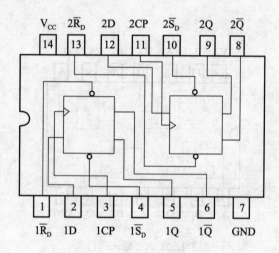

74LS74 双 D 触发器

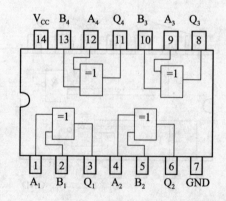

74LS86 四 2 输入异或门

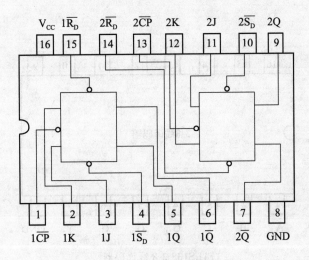

74LS112 双 J-K 触发器

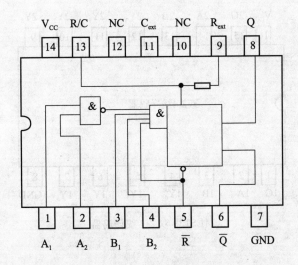

74LS122 单稳多谐振荡器

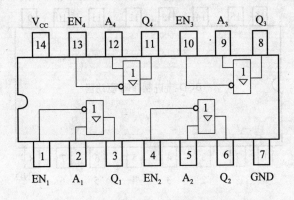

74LS125 三态输出四总线缓冲门

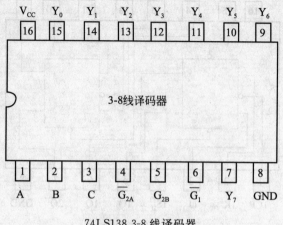

74LS138 3-8 线译码器

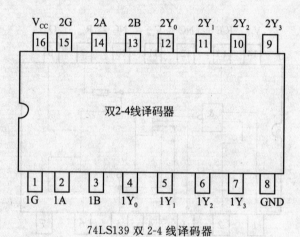

74LS139 双 2-4 线译码器

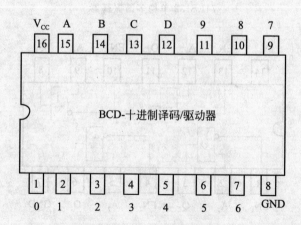

74LS145 BCD -十进制译码器

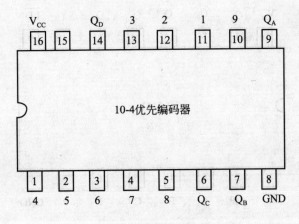

74LS147 10-4 线编码器

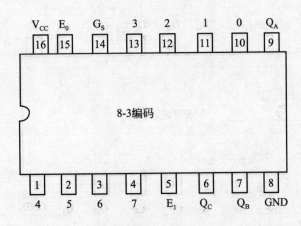

74LS148 8-3 线编码器

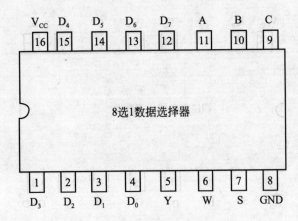

74LS151 八选一数据选择器

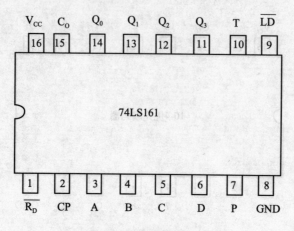

74LS161 可预置异步清除计数器

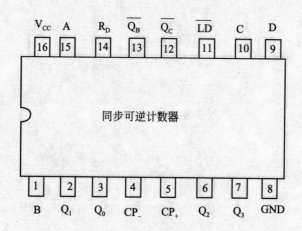

74LS192/193 加减可逆计数器

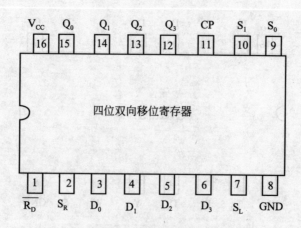

74LS194 四位双向移位寄存器

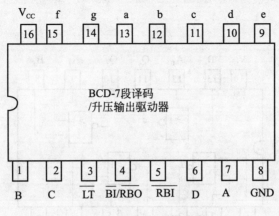

74LS248 BCD-7 段译码器

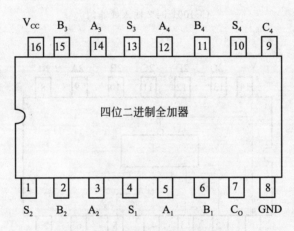

74LS283 四位二进制全加器

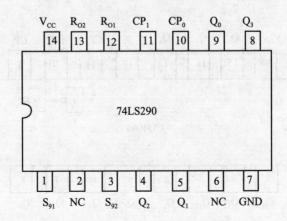

74LS290 二/五分频计数器

二、CC4000 系列

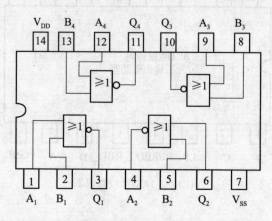

CC4001 四 2 输入或非门

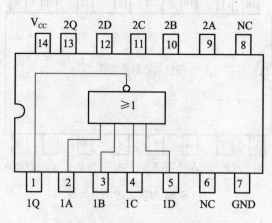

74HC4002 双 4 输入或非门

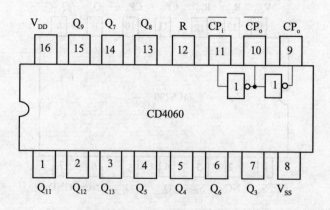

CD4060 十四级计数/分频器

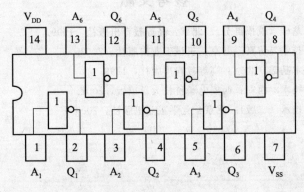

CD4069 六反相器

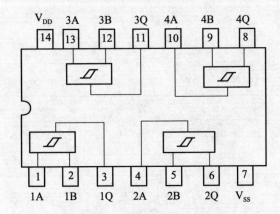

CD4093 四 2 输入施密特触发器

参考文献

[1] 康华光. 电子技术基础（模拟部分）. 北京：高等教育出版社，1999.

[2] 李新平. 实用电子技术与仿真. 北京：机械工业出版社，2003.

[3] 阎石. 数字电子技术基础. 北京：高等教育出版社，1999.

[4] 刘守义. 数字电子技术. 西安：西安电子科技大学出版，2007.

[5] 张惠敏. 数字电子技术（二版）. 北京：化学工业出版社，2009.